信息技术人才培养系列规划教材

前端开发实战系列

jQuery
开发实战

慕课版

学 IT 有疑问
就找千问千知!

◎ 千锋教育高教产品研发部 编著

U0277752

人民邮电出版社

北 京

图书在版编目（CIP）数据

jQuery开发实战：慕课版 / 千锋教育高教产品研发部编著. -- 北京：人民邮电出版社，2020.9（2024.7重印）
信息技术人才培养系列规划教材
ISBN 978-7-115-52825-4

Ⅰ．①j… Ⅱ．①千… Ⅲ．①JAVA语言－程序设计－教材 Ⅳ．①TP312.8

中国版本图书馆CIP数据核字(2019)第269865号

内 容 提 要

本书共 14 章，包括 jQuery 入门、jQuery 选择器详解、jQuery 操作 DOM、jQuery 常用方法、jQuery 事件操作、jQuery 工具方法、jQuery 动画、jQuery 特效实战、jQuery 高级进阶、jQuery 插件、jQuery UI 组件、jQuery 移动开发、jQuery 源码分析、jQuery 项目实战。

本书有四大特色：一是知识点覆盖全面，jQuery 的 API 几乎都有讲解；二是包含丰富的 jQuery 编程思想和大量的实战技巧；三是提供实战项目，帮助读者了解中大型项目如何开发；四是注重 jQuery 源码分析，使读者不仅会使用，还能了解 jQuery 是如何工作的。

本书可作为高等院校计算机、软件工程等专业 jQuery 课程的教材及教学参考书，也可作为培训机构的培训用书，还可作为前端开发人员的参考书。

◆ 编　著　千锋教育高教产品研发部
　　责任编辑　李　召
　　责任印制　王　郁　陈　犇
◆ 人民邮电出版社出版发行　　北京市丰台区成寿寺路 11 号
　　邮编　100164　　电子邮件　315@ptpress.com.cn
　　网址　https://www.ptpress.com.cn
　　三河市祥达印刷包装有限公司印刷
◆ 开本：787×1092　1/16
　　印张：17.75　　　　　　　　2020 年 9 月第 1 版
　　字数：476 千字　　　　　　　2024 年 7 月河北第 6 次印刷

定价：59.80 元

读者服务热线：(010)81055256　印装质量热线：(010)81055316
反盗版热线：(010)81055315
广告经营许可证：京东市监广登字 20170147 号

编　委　会

前言 FOREWORD

当今世界是知识爆炸的世界，科学技术与信息技术快速发展，新技术层出不穷，教科书也要紧随时代的发展，纳入新知识、新内容。目前很多教科书注重算法讲解，但是如果在初学者还不会编写一行代码的情况下，教科书就开始讲解算法，会打击初学者学习的积极性，让其难以入门。

IT 行业需要的不是只有理论知识的人才，而是技术过硬、综合能力强的实用型人才。高校毕业生求职面临的第一道门槛就是技能与经验。学校往往注重学生理论知识的学习，忽略了对学生实践能力的培养，导致学生无法将理论知识应用到实际工作中。

为了改变这一现状，本书倡导快乐学习、实战就业，在语言描述上力求准确、通俗易懂，在章节编排上循序渐进，在语法阐述中尽量避免术语和公式，从项目开发的实际需求入手，将理论知识与实际应用相结合，目的就是让初学者能够快速成长为初级程序员，积累一定的项目开发经验，从而在职场中拥有一个高起点。

千锋教育

本书特点

jQuery 是全球最流行的 JavaScript 库之一。排名前 100 万的网站中，有 77%左右的网站正在使用 jQuery，远远超过其他 JavaScript 库或前端框架。jQuery 改变了数百万程序员编写 JavaScript 的方式与习惯，它是 Web 前端开发人员必须掌握的技能之一。

通过本书你将学习到以下内容。

第 1 部分（第 1 章~第 7 章）：对 jQuery 核心思想与核心方法进行讲解，包括链式调用、方法函数化、取值与赋值模式，强大的$等，让学习与使用 jQuery 变得轻松快捷。

第 2 部分（第 8 章）：带领读者进行 jQuery 特效实战，包括交互特效、动画特效等。

第 3 部分（第 9 章、第 10 章）：对 jQuery 高级部分进行深入讲解，包括异步队列、回调对象等，对复杂业务开发有很大帮助。

第 4 部分（第 11 章 、第 12 章）：介绍了 jQuery 周边技术的使用，包括 jQuery UI、jQuery mobile 等。合理运用相关技术，可使开发变得游刃有余。

第 5 部分（第 13 章）：介绍了 jQuery 源码分析。

第 6 部分（第 14 章）：介绍了 jQuery 项目案例，包括会议管理系统、推箱子小游戏等。

针对高校教师的服务

千锋教育基于多年的教育培训经验，精心设计了"教材+授课资源+考试系统+测试题+辅助案例"教学资源包。教师使用教学资源包可节约备课时间，缓解教学压力，显著提高教学质量。

本书配有千锋教育优秀讲师录制的教学视频，按知识结构体系已部署到教学辅助平台"扣丁学堂"，可以作为教学资源使用，也可以作为备课参考资料。本书配套教学视频，可登录"扣丁学堂"官方网站下载。

高校教师如需配套教学资源包，也可扫描下方二维码，关注"扣丁学堂"师资服务微信公众号获取。

扣丁学堂

针对高校学生的服务

学 IT 有疑问，就找"千问千知"，这是一个有问必答的 IT 社区。平台上的专业答疑辅导老师承诺在工作时间 3 小时内答复您学习 IT 时遇到的专业问题。读者也可以通过扫描下方的二维码，关注"千问千知"微信公众号，浏览其他学习者在学习中分享的问题和收获。

学习太枯燥，想了解其他学校的伙伴都是怎样学习的？你可以加入"扣丁俱乐部"。"扣丁俱乐部"是千锋教育联合各大校园发起的公益计划，专门面向对 IT 有兴趣的大学生，提供免费的学习资源和问答服务，已有超过 30 万名学习者获益。

千问千知

资源获取方式

本书配套源代码、习题答案的获取方法：添加小千 QQ 号 2133320438 索取，或登录人邮教育社区 www.ryjiaoyu.com 进行下载。

致谢

本书由千锋教育区块链教学团队整合多年积累的教学实战案例，通过反复修改最终撰写完成。多名院校老师参与了教材的部分编写与指导工作。除此之外，千锋教育的 500 多名学员参与了教材的试读工作，他们站在初学者的角度对教材提出了许多宝贵的修改意见，在此一并表示衷心的感谢。

意见反馈

虽然我们在本书的编写过程中力求完美，但书中难免有不足之处，欢迎读者提出宝贵意见，联系方式：huyaowen@1000phone.com。

千锋教育高教产品研发部

2020 年 5 月于北京

目 录 CONTENTS

第 1 章　jQuery 入门 ……… 1

1.1　初识 jQuery ……… 1

1.1.1　jQuery 发展史 ……… 2

1.1.2　jQuery 资源 ……… 3

1.1.3　jQuery 的优势 ……… 5

1.2　使用 jQuery ……… 8

1.2.1　下载与引入 ……… 8

1.2.2　编辑器与提示插件 ……… 10

1.2.3　第一个 jQuery 程序 ……… 10

1.3　jQuery 代码风格 ……… 11

1.3.1　共存与混写 ……… 12

1.3.2　链式调用 ……… 13

1.3.3　命名规范 ……… 13

1.3.4　解决冲突 ……… 14

1.4　本章小结 ……… 14

1.5　习题 ……… 14

第 2 章　jQuery 选择器详解 ……… 17

2.1　选择器分类 ……… 17

2.1.1　基本选择器 ……… 18

2.1.2　层次选择器 ……… 21

2.1.3　属性选择器 ……… 24

2.1.4　伪类选择器 ……… 28

2.2　选择器方法 ……… 37

2.2.1　eq()方法 ……… 37

2.2.2　find()方法 ……… 38

2.2.3　add()方法 ……… 39

2.2.4　筛选方法 ……… 39

2.3　选择器技巧 ……… 41

2.3.1　length 属性 ……… 41

2.3.2　取值与赋值 ……… 41

2.3.3　index()方法 ……… 43

2.3.4　each()方法 ……… 44

2.4　本章小结 ……… 44

2.5　习题 ……… 44

第 3 章　jQuery 操作 DOM ……… 47

3.1　查找 DOM 元素 ……… 48

3.1.1　子节点查找 ……… 48

3.1.2　父节点查找 ……… 49

3.1.3　兄弟节点查找 ……… 50

3.2　操作 DOM 元素 ……… 53

3.2.1　创建节点 ……… 54

3.2.2　添加节点 ……… 54

3.2.3　替换节点 ……… 57

3.2.4　删除节点 ……… 58

3.2.5　克隆节点 ……… 60

3.3　DOM 高级方法 ……… 61

3.3.1　closest()方法 ……… 61

3.3.2　包裹方法 ……… 62

3.3.3　截取范围方法 ……… 65

3.4　本章小结 ……… 67

3.5　习题 ……… 67

第 4 章　jQuery 常用方法 ……… 70

4.1　class 属性操作 ……… 70

4.1.1　addClass()方法 ……… 70

4.1.2　removeClass()方法 ……… 72

4.1.3　toggleClass()方法 ……… 73

4.1.4　hasClass()方法 ·············· 75

4.2　HTML 属性操作 ················ 75

4.2.1　attr()方法 ················· 76

4.2.2　prop()方法 ················· 76

4.2.3　data()方法 ················· 78

4.3　元素尺寸大小 ·················· 78

4.3.1　width()方法 ················ 79

4.3.2　innerWidth()方法 ··········· 80

4.3.3　outerWidth()方法 ··········· 80

4.4　其他常用方法 ·················· 82

4.4.1　css()方法 ·················· 82

4.4.2　html()方法 ················· 83

4.4.3　val()方法 ·················· 83

4.4.4　offset()方法 ··············· 84

4.4.5　position()方法 ············· 85

4.4.6　scrollTop()方法 ············ 86

4.4.7　text()方法 ················· 87

4.5　本章小结 ····················· 88

4.6　习题 ························· 88

第5章　jQuery 事件操作 ········ 91

5.1　事件基础 ····················· 91

5.1.1　页面载入事件 ·············· 91

5.1.2　鼠标事件 ················· 93

5.1.3　键盘事件 ················· 94

5.1.4　表单事件 ················· 94

5.1.5　滚动事件 ················· 96

5.2　Event 对象详解 ················ 96

5.2.1　鼠标指针坐标 ·············· 97

5.2.2　键盘键值 ················· 98

5.2.3　阻止冒泡 ················· 99

5.2.4　阻止默认事件 ············· 100

5.2.5　事件源 ·················· 101

5.3　事件高级用法 ················· 101

5.3.1　on()、off()方法 ············ 102

5.3.2　事件委托 ················ 104

5.3.3　事件主动触发 ············· 105

5.3.4　命名空间 ················ 106

5.4　事件扩展用法 ················· 106

5.4.1　hover()方法 ·············· 106

5.4.2　focusin()、focusout()方法 ······· 108

5.4.3　one()方法 ··············· 108

5.5　本章小结 ···················· 109

5.6　习题 ························ 109

第6章　jQuery 工具方法 ······· 111

6.1　常用工具 ···················· 111

6.1.1　类型检查 ················ 111

6.1.2　类型转换 ················ 113

6.1.3　复制对象 ················ 114

6.1.4　修改 this 指向 ············ 116

6.1.5　解决框架冲突 ············· 116

6.2　AJAX 工具 ··················· 117

6.2.1　$.ajax()工具方法 ··········· 117

6.2.2　高级接口 ················ 121

6.2.3　全局事件 ················ 124

6.3　扩展工具 ···················· 126

6.3.1　字符串工具方法 ··········· 126

6.3.2　数组工具方法 ············· 126

6.3.3　对象工具方法 ············· 129

6.4　本章小结 ···················· 129

6.5　习题 ························ 130

第7章　jQuery 动画 ·········· 132

7.1　动画基础 ···················· 132

7.1.1　显示/隐藏 ··············· 132

7.1.2　animate()方法 ············ 134

7.1.3　淡入/淡出 ··············· 137

7.1.4　展开/收缩 ················ 139

7.2　自定义动画 ··················· 140

7.2.1　delay()方法 ················ 140

7.2.2　stop()、finish()方法 ········ 141

7.3　动画高级用法 ················· 143

7.3.1　动画队列 ·················· 143

7.3.2　关闭动画与判断动画 ········ 144

7.3.3　扩展 Tween 算法 ··········· 144

7.4　本章小结 ····················· 147

7.5　习题 ························· 148

第 8 章　jQuery 特效实战 ····· 150

8.1　交互特效 ····················· 150

8.1.1　星级评分 ·················· 150

8.1.2　内容穿梭框 ················ 153

8.1.3　自定义滚动条 ·············· 156

8.2　动画特效 ····················· 161

8.2.1　轮播图 ···················· 161

8.2.2　寻路九宫格 ················ 164

8.3　本章小结 ····················· 167

8.4　习题 ························· 168

第 9 章　jQuery 高级进阶 ····· 170

9.1　函数队列 ····················· 170

9.1.1　queue()、dequeue()方法 ······ 170

9.1.2　异步队列 ·················· 172

9.2　回调对象 ····················· 174

9.2.1　基本方法 ·················· 174

9.2.2　应用场景 ·················· 175

9.2.3　四大参数 ·················· 176

9.2.4　延迟对象 ·················· 179

9.3　模板引擎 ····················· 180

9.3.1　概念与意义 ················ 181

9.3.2　基本操作 ·················· 181

9.3.3　实际应用 ·················· 183

9.4　QUnit 单元测试 ·············· 185

9.4.1　界面 ······················ 185

9.4.2　方法与断言 ················ 186

9.5　本章小结 ····················· 188

9.6　习题 ························· 188

第 10 章　jQuery 插件 ········· 190

10.1　常见插件 ···················· 190

10.1.1　cookie 插件 ·············· 190

10.1.2　日历插件 ················· 192

10.1.3　轮播图插件 ··············· 194

10.2　自定义插件 ·················· 196

10.2.1　插件方法 ················· 197

10.2.2　自定义标签页 ············· 198

10.2.3　自定义弹窗 ··············· 201

10.3　本章小结 ···················· 203

10.4　习题 ························ 204

第 11 章　jQuery UI 组件 ······ 205

11.1　UI 组件基础 ················· 205

11.1.1　引入文件 ················· 205

11.1.2　UI 动画 ·················· 206

11.1.3　UI 特效 ·················· 207

11.2　UI 组件进阶 ················· 209

11.2.1　UI 交互 ·················· 209

11.2.2　UI 控件 ·················· 216

11.2.3　Widget 工厂 ·············· 220

11.3　本章小结 ···················· 222

11.4　习题 ························ 222

第 12 章　jQuery 移动开发 ····· 224

12.1　jQuery mobile ··············· 224

12.1.1　基础布局 ················· 225

12.1.2 页面交互 ················ 227

12.2 其他框架 ···················· 230

12.2.1 Zepto ···················· 230

12.2.2 Swiper ··················· 233

12.2.3 Bootstrap ··············· 236

12.3 本章小结 ···················· 241

12.4 习题 ························· 241

第 13 章 jQuery 源码分析 ······ 243

13.1 面向对象 ···················· 243

13.1.1 属性与方法 ············· 243

13.1.2 原型与原型链 ··········· 244

13.2 打造 miniQuery 库 ·········· 245

13.2.1 框架搭建 ··············· 245

13.2.2 常见方法 ·············· 249

13.3 本章小结 ···················· 253

13.4 习题 ························· 254

第 14 章 jQuery 项目实战 ······· 255

14.1 会议管理系统 ················ 255

14.1.1 项目结构布局 ··········· 255

14.1.2 项目数据初始化 ········· 257

14.1.3 项目功能实现 ··········· 259

14.2 推箱子小游戏 ················ 267

14.2.1 设置游戏数据 ··········· 267

14.2.2 游戏功能设置 ··········· 269

14.3 本章小结 ···················· 274

14.4 习题 ························· 274

第 1 章　jQuery 入门

本章学习目标

- 了解 jQuery 的发展史
- 了解 jQuery 的基本使用
- 了解 jQuery 的代码风格和规范

jQuery 是一个小巧且功能丰富的 JavaScript（JS）代码库，被压缩过的文件大小只有几十 KB。它使得 HTML 遍历查找、事件处理、动画效果展示和 AJAX 编程等操作变得更加简单。本章将从认知、使用、风格、规范等多个角度、全方位带领读者了解 jQuery 库，使读者能快速入门，开始 jQuery 框架的学习。

1.1　初识 jQuery

jQuery，顾名思义，也就是 JavaScript 和 Query（查询），即辅助 JavaScript 开发的库。jQuery 是全球流行的 JavaScript 代码库之一。排名前 100 万的网站中，有 77% 左右的网站正在使用 jQuery，它使用的普遍性远远超过其他 JavaScript 库或前端框架。jQuery 改变了很多程序员编写 JavaScript 的方式与习惯，是 Web 前端开发人员的必会技能之一，网站各类技术使用百分比如图 1.1 所示。

初识 jQuery

JavaScript Usage Distribution in the Top 1 Million Sites

Distribution for websites using JavaScript technologies

Top In JavaScript Usage Distribution in the Top 1 Million Sites

Technology	Websites	%
jQuery	775,501	77.55
Facebook for Websites	323,763	32.38
Facebook SDK	299,215	29.92
Google Hosted Libraries	253,444	25.34
html5shiv	249,752	24.98
Modernizr	226,085	22.61
jQuery UI	216,768	21.68
Bootstrap.js	152,699	15.27
Respond	122,496	12.25
Twitter Platform	110,385	11.04
jQuery Masonry	106,259	10.63

图 1.1　网络各类技术使用百分比统计结果

1.1.1 jQuery 发展史

1995 年，Netscape 公司的布兰登·艾奇（Brendan Eich）仅仅花费了 10 天左右的时间，就把 JavaScript 语言的雏形设计了出来。由于设计时间太短，语言的一些细节考虑得不够严谨，导致后来很长一段时间，用 JavaScript 写出来的程序都混乱不堪。

随着互联网的高速发展，Web 网站对 JavaScript 的要求越来越高。为了解决原生 JavaScript 的操作和兼容性问题，出现了很多优秀的 JavaScript 代码库，jQuery 是其中的佼佼者。下面列举 jQuery 库的一些重要历史时刻。

2005 年 8 月，jQuery 库的作者约翰·莱西格（John Resig）在他的 blog（博客）上发表了三段重要代码，这些代码是对 JavaScript 使用改进方面的一些想法。令他没有想到的是，这篇文章一经发布就引起了业界的关注。于是 John Resig 开始认真地思考这件事情。2006 年 1 月 14 日，John Resig 正式宣布以 jQuery 的名称发布自己的代码库，jQuery 库就此诞生。下面为三段代码中的一段。

```
1  Behavior.register({
2    'b.someclass' : function(e){
3      e.onclick = function(){
4  alert(this.innerHTML);
5  }
6  },
7    '#someid u' : function(e){
8  e.onmouseover function(){
9  this.innerHTML = "BLAH ! ";
10  }
11  }
12  });
13  $( 'b.someclass').bind('click',function(){
14      alert(this.innerHTML);
15  });
16  $( '#someid u').bind('mouseover',function(){
17      this.innerHTML = "BLAH !";
18  });
```

2006 年 9 月，jQuery 迎来了第一个稳定版本 jQuery 1.0.2。2007 年 7 月，jQuery 1.1.3 版发布，这次小版本的变化包含了 jQuery 选择符引擎执行速度的显著提升。

2008 年 5 月，jQuery 1.2.6 版发布，这版主要是将布兰登·艾伦（Brandon Aaron）开发的流行插件 Dimensions 的功能移植到了核心库中，同时修改了许多 bug，而且有不少性能得到提升。

2009 年 1 月，jQuery 1.3 版发布，它使用了全新的选择符引擎 Sizzle，在各个浏览器下的查询速度全面超越其他同类型 JavaScript 框架，代码库的性能也因此有了极大提升。

在 jQuery 迅速发展的同时，一些大的厂商看出了商机。2009 年 9 月，微软公司和诺基亚公司正式宣布支持开源的 jQuery 库，另外，微软公司还宣称将把 jQuery 作为 Visual Studio 工具集的一部分，提供 jQuery 的智能提示、代码片段、示例文档编制等功能。微软公司和诺基亚公司将成为 jQuery 的长期用户，其他用户还有 Google 公司、Intel 公司、IBM 公司、Intuit 公司等。

2010 年 1 月，正值 jQuery 的四周年生日之际，jQuery 1.4 版发布，为了庆祝生日，jQuery 团队特别创建了 jquery14.com 站点，带来了连续 14 天的新版本专题介绍。

2011 年 1 月 31 日，John Resig 在 jQuery 官方博客发表文章，宣布 jQuery 1.5 正式版已经如期开发完成，可以下载使用。2011 年 11 月 4 日，jQuery1.7 正式版发布。新版本包含了很多新的特征，特别提升了事件委托时的性能，尤其是在 IE 7 下。

2012 年 11 月 14 日，jQuery 1.8.3 发布，修复了 bug 和性能衰退问题。

2013 年 3 月，jQuery 2.0 Beta 2 发布。jQuery 团队在官方博客中再次提醒用户，jQuery 2.0 不再支持 IE 6/7/8，但 jQuery 1.9 会继续支持。因为旧版 IE 浏览器在整个互联网中还占有很大一部分市场，所以他们希望大部分网站能继续使用 jQuery 1.x 一段时间。jQuery 团队也将同时支持 jQuery 1.x 和 jQuery 2.x 。jQuery 1.9 和 jQuery 2.0 的 API（Application Programming Interface，应用程序编程接口）是相同的，所以使用 jQuery 1.9 并不意味着落后。2013 年 4 月 18 日，jQuery 2.0 正式版发布，不再支持 IE 6/7/8，在 IE 9/10 中使用"兼容性视图"模式也将会受到影响。更轻、更快的 jQuery 2.0 的文件与 jQuery 1.9.1 相比小了 12%。

2014 年 10 月，jQuery 团队开始研发新的版本，即 jQuery 3.0。2016 年 6 月，他们迎来了这一个最终版。通过 jQuery 3.0 的版本更新说明，我们看到了一个保持着向后兼容的更轻便、更快速的 jQuery。jQuery 3.0 提供了一些新的特性，如新的动画 API、支持 SVG、防止 XSS 攻击等，并且借鉴了很多 ES 6（JavaScript 的最新版本，即 ECMAScript 6）的语法和编程思想。

近年来，不断地涌现出一些优秀的 JavaScript 代码库与 jQuery 竞争，而 jQuery 依然那么受欢迎。也许随着互联网技术的不断发展，终将有一天 jQuery 不再流行，但是它的功绩与贡献将永远镌刻在互联网的历史舞台上。

1.1.2　jQuery 资源

下面列举一些学习 jQuery 的网络资源。

jQuery 的官方网站上面有 jQuery 使用的 API 文档、文件下载、官方博客、插件集合、浏览器支持情况等信息，以及 jQueryUI 组件、jQuery 移动端、jQuery 测试等丰富的生态圈（相关技术）内容。jQuery 官方网站如图 1.2 所示。

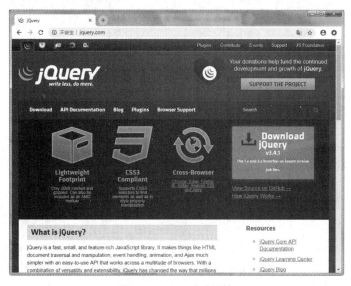

图 1.2　jQuery 官方网站

jQuery API 的中文文档资源如图 1.3 所示。由于官方只提供了英文版 API 阅读文档，英文欠佳的读者可以参考中文文档进行 jQuery 的学习。

图 1.3　jQuery API 中文文档资源

图 1.4 所示为 jQuery 在 GitHub（全球最大的程序员社交平台）网站上的 organization（组织）界面。这里会展示很多跟 jQuery 技术相关的库或框架，还有很多从事 jQuery 的开发人员，你可以与他们进行交流学习。

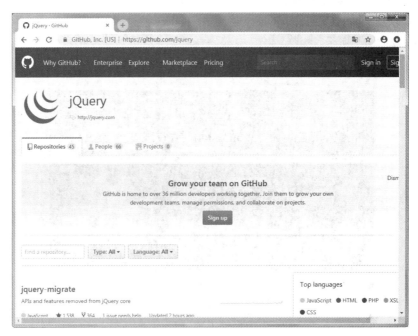

图 1.4　jQuery 组织

图 1.5 所示为 GitHub 网站上 jQuery 库的源代码资源，对喜欢阅读源代码的读者有非常大的帮助。还可以在这里查看到 jQuery 的更新情况、问答、建议等最新消息。

图 1.5　jQuery 库的源代码资源

图 1.6 所示的插件库收集了非常多的 jQuery 插件并提供各种 jQuery 特效的详细使用说明，而且支持在线预览。

图 1.6　插件库

1.1.3　jQuery 的优势

jQuery 的官方网站上有这样一句话："write less, do more"（写更少的代码，做更多的事情）。意思就是在展示同样一个效果时，使用 jQuery 会比用原生 JavaScript 写得更少、更简洁。例如，给列表添加单击效果，用原生 JavaScript 去实现，代码如下所示。

```
1  <body>
2      <ul>
3          <li>第一项</li>
4          <li>第二项</li>
5          <li>第三项</li>
6      </ul>
7      <script>
8          var lis = document.getElementsByTagName('li');
9          for(var i=0;i<lis.length;i++){
10             lis[i].onclick = function(){
11                 this.style.background = 'red';
12             };
13         }
14      </script>
15  </body>
```

而用 jQuery 去实现同样的效果，代码如下所示。

```
1  <body>
2      <ul>
3          <li>第一项</li>
4          <li>第二项</li>
5          <li>第三项</li>
6      </ul>
7      <script src="jquery-3.3.1.js"></script>
8       <script>
9          $('li').click(function(){
10             $(this).css('background','red');
11         });
12      </script>
13  </body>
```

可以发现，用 jQuery 写代码相当方便。运行结果如图 1.7 所示。

图 1.7　单击列表变色效果

与原生 JavaScript 相比，jQuery 在使用上的第二个优势是解决了原生 JavaScript 的兼容性问题。前面我们提到，JavaScript 从诞生起就有诸多不足，再加上浏览器厂商之间的竞争，导致代码在不同的浏览器下产生了很多兼容性问题，开发人员不得不通过各种黑客手段来解决这些兼容性问题，这使程序的开发变得困难重重，严重地影响了项目的开发效率。

jQuery 库对开发中常见的兼容性问题实现了封装，使得开发人员在开发项目的时候，不用再考虑兼容性问题，大大提高了开发的效率和准确度，这也是数百万开发人员选择 jQuery 库的重要原因之一。

下面是一个实例。由于原生 JavaScript 中的 getElementsByClassName()方法在 IE 8 以下的浏览器中不受支持，所以需要一个兼容性函数的解决方案，代码如下所示。

```
1  <body>
2      <div class="box"></div>
3      <div class="box"></div>
4      <div class="box"></div>
5      <script>
6       function getElementsByClassName(className){
7       var aResult = [];
8       var aElements = document.getElementsByTagName('*');
9       var aClassNames;
10      for (var i=0,length=aElements.length; i<length; i++){
11          if (aElements[i].className){
12              aClassNames = aElements[i].className;
13              aClassNames = aClassNames.split(' ');
14              for (var j=0,len=aClassNames.length; j<len; j++){
15                  if (aClassNames[j] == className){
16                      aResult.push(aElements[i]);
17                      break;
18                  }
19              }
20          }
21      }
22      return aResult;
23      }
24      getElementsByClassName('box').length;     //    返回值:3
25      </script>
26  </body>
```

jQuery 改进之后，直接就可以通过$()来解决这个兼容性问题，代码如下所示。

```
1  <body>
2      <div class="box"></div>
3      <div class="box"></div>
4      <div class="box"></div>
5      <script src="jquery-3.3.1.js"></script>
6      <script>
7          $('.box').length;                     //    返回值:3
8      </script>
9  </body>
```

jQuery 提供了很多原生 JavaScript 没有封装过的功能，这些功能可直接调用。举一个实例，$.type()工具方法（用于判断变量的类型），代码如下所示。

```
1  <script>
2      //JavaScript
3      typeof [];           //   返回值:object
4      typeof null;         //   返回值:object
5      typeof new Date;     //   返回值:object
6      //jQuery
7      $.type([]);          //   返回值:array
```

```
8       $.type(null);        // 返回值:null
9       $.type(new Date);    // 返回值:date
10  </script>
```

jQuery 多年来不断完善代码与修复代码，使 jQuery 库非常稳定与健壮，在项目中不会出现一些不可控的局面。相关的 API 文档和社区问答也非常完善与丰富，这些都可以帮助开发人员快速上手并使用 jQuery 进行开发。

jQuery 库是很多其他框架的基础库，学习 jQuery 库后，可以快速掌握 Zepto、Bootstrap、EasyUI、Swiper 等其他框架的使用方法。官方对 Bootstrap 的介绍如图 1.8 所示。

图 1.8 Bootstrap 文档

jQuery 有上千万的现成插件，快速开发一个项目的时候，如果遇到一些复杂的需求，可以直接引入 jQuery 插件，如 cookie、表单验证、上传文件、轮播图、日历等。

1.2 使用 jQuery

jQuery 库本身并不是一门新的编程语言，它只是在 JavaScript 语言的基础上进行了二次封装。要想使用 jQuery 进行代码编写，必须让浏览器支持对 jQuery 代码的识别，那么就必须引入 jQuery 文件。本节将从下载文件开始，带领读者编写第一个 jQuery 程序。

使用 jQuery

1.2.1 下载与引入

jQuery 文件可以通过 jQuery 官方网站下载，如图 1.9 所示。

图 1.9 中最新版本为 jQuery 3.3.1，这也是本书所使用的版本。可以选择 Download the compressed, production jQuery 3.3.1，这是压缩版，体积更小，适合生产环境使用；也可以选择 Download the uncompressed, development jQuery 3.3.1，这是未压缩的版本，源码中有大量的注释，对于调试是非常

友好的，所以适合开发环境使用。建议读者在学习阶段使用未压缩的版本。

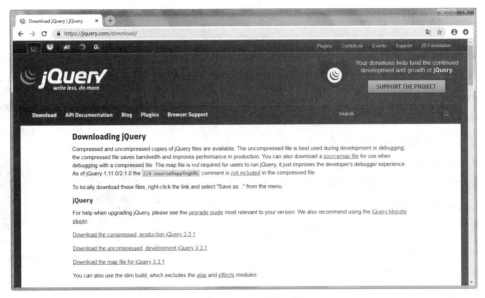

图 1.9　jQuery 文件下载

除了直接下载以外，还可以选择利用 npm（全球最大的包管理工具）或 Yarn（facebook 公司开发的包管理工具）来下载 jQuery 库，下载命令如下所示。

```
1  npm install jquery
2  yarn add jquery
```

把下载好的 jQuery 库通过<script>标签的方式引入页面，代码如下所示。

```
1  <head>
2    <meta charset="UTF-8">
3    <title>Document</title>
4    <script src="jquery-3.3.1.js"></script>
5  </head>
```

注意 src 引入地址的路径，其实跟引入一个普通 JS 文件并没有多大的区别。如果不想下载文件，可以通过 CDN（Content Delivery Network，内容分发网络）的方式进行引入，代码如下所示。

```
1  <head>
2    <meta charset="UTF-8">
3    <title>Document</title>
4    <script src="https://code.jquery.com/jquery-3.3.1.js"></script>
5  </head>
```

如果当前正在使用前端模块化方式进行项目的开发，也可以采用前端模块化形式进行引入，代码如下所示。

```
1  import $ from 'jquery';
```

建议初学者直接通过官方网站下载 jQuery 文件，并通过<script>方式引入。

1.2.2 编辑器与提示插件

网页编辑器是书写 HTML、CSS、JavaScript 等代码的工具软件。常用的网页编辑器有 Dreamweaver、Sublime Text、WebStorm、HBuilder 等，本书采用 Sublime Text 网页编辑器。Sublime Text 是一款简单、易上手的网页编辑器，适合初学者使用。上述编辑器的图标如图 1.10 所示。

图 1.10　网页编辑器图标

接下来讲解如何使用 Sublime Text 网页编辑器进行 jQuery 提示插件的安装。打开编辑器，按下组合键 Ctrl+Shift+p，输入"install Package"，如图 1.11 所示。

回车后稍等片刻，会出现一个新的输入框，在输入框中输入"jQuery"，回车进行插件的安装，如图 1.12 所示。

安装好后，在编辑页面中输入 jQuery 代码的前几个单词，就会出现智能提示信息。

图 1.11　准备安装插件包

图 1.12　安装 jQuery 提示插件

1.2.3 第一个 jQuery 程序

为了使读者快速理解 jQuery 与原生 JavaScript 写法上的区别，下面的两个案例会分别采用两种方式去实现。

案例一：给所有的列表项添加红色背景，代码如下所示。

```
1  <body>
2      <ul>
3          <li>第一项</li>
4          <li>第二项</li>
5          <li>第三项</li>
6      </ul>
7      <script>
8      //JavaScript
9      var lis = document.getElementsByTagName('li');
```

```
10      for(var i=0;i<lis.length;i++){
11          lis[i].style.background = 'red';
12      }
13      //jQuery
14      $('li').css('background','red');
15      </script>
16  </body>
```

jQuery 代码非常简洁，$()方法为 jQuery 中的选择器，可以查找到指定的 DOM（Document Object Model，文档对象模型）元素，案例中的$('li')表示查找到页面中的所有列表项。css()方法可设置 DOM 元素的样式，案例中的 css('background', 'red')表示给所有获取的列表项添加红色背景。

可以发现在使用 jQuery 操作多个 DOM 元素的时候，是可以省略 for 循环的，整个遍历的过程会在 jQuery 源文件中实现，使用者不用关心其实现的细节，展示效果如图 1.13 所示。

图 1.13　给列表项设置红色背景

案例二：让列表实现隔行换色的效果，奇数行显示红色背景，而偶数行不显示任何颜色，代码如下所示。

```
1       //JavaScript
2       var lis = document.getElementsByTagName('li');
3       for(var i=0;i<lis.length;i++){
4           if(i%2==0){
5               lis[i].style.background = 'red';
6           }
7       }
8       //jQuery
9       $('li:even').css('background','red');
```

可以直接在$()选择器中通过伪类:even 找到所有的奇数行，再去添加筛选后的列表项背景颜色。使用 jQuery 也可以在一定程度上简化 if()判断的操作，展示效果如图 1.14 所示。

图 1.14　列表项隔行换色

通过两个案例，我们可以感受到 jQuery 的强大，下节将介绍 jQuery 的一些小技巧。

1.3　jQuery 代码风格

jQuery 代码风格

jQuery 的魅力，在于它独特的代码风格。

1.3.1 共存与混写

在使用 jQuery 编写代码的时候，通常采用 jQuery 来完成所有的操作，但有时也需要写一些原生的 JavaScript 代码。jQuery 和 JavaScript 在一个页面中是可以共存的，但是一定不能混写。

下面是一个实例，给单击按钮添加样式，代码如下所示。

```
1    $('button').click(function(){
2        this.style.background = 'red';
3    });
```

在第 2 行中，this 为原生 JS，style 也为原生 JS，所以第 2 行采用的是纯 JS 的写法，这是正确的写法。

当然也可以采用纯 jQuery 的写法去实现，代码如下所示。

```
1    $('button').click(function(){
2        $(this).css('background','red');
3    });
```

在第 2 行中，$(this)为 JQuery 方法，css()也为 JQuery 方法，所以第 2 行采用的是纯 JQuery 的写法，这也是正确的。

但是接下来的两种写法都是错误的，代码如下所示。

```
1    //错误写法一
2    $('button').click(function(){
3        this.css('background','red');
4    });
5    //错误写法二
6    $('button').click(function(){
7        $(this).style.background = 'red';
8    });
```

在第 3 行中，this 为原生 JS，css()为 JQuery 方法，前后混写了，这是不允许的；在第 7 行中，$(this)为 JQuery 方法，style 为原生 JS，前后也是混写的，也是不允许的。总结一下就是，在 jQuery 代码中是可以共存 JavaScript 的，但是一定不能混写。

jQuery 提供了一个 get()方法，可以把 jQuery 获取的元素转成原生 JS 元素。get()方法会把 jQuery 获取的元素转成一个 DOM 集合，所以需要以添加下标的方式来找到集合中的某个元素，假如集合中只有一个元素，则只需要在 get()方法的参数中添加一个 0，代码如下所示。

```
1    $('button').click(function(){
2        $(this).get(0).style.background = 'red';
3    });
```

以上为正确的方式，一般情况下不建议这样书写 jQuery 代码，除非 jQuery 实现不了，必须通过转换成原生 JS 元素去实现。

1.3.2 链式调用

jQuery 库之所以那么受欢迎，很大程度上归功于它的链式调用。链式调用就是可以连续调用方法来实现复杂的需求。

下面是一个实例，用原生 JavaScript 给一个按钮设置文本内容和样式，再添加一个单击操作，代码如下所示。

```
1    <button>默认内容</button>
2    <script>
3        var btn = document.getElementsByTagName('button')[0];
4        btn.innerHTML = '新的内容';
5        btn.style.background = 'red';
6        btn.onclick = function(){
7            alert('hello');
8        };
9    </script>
```

用 jQuery 改写后的代码如下所示。

```
1    <button>默认内容</button>
2    <script>
3        $('button').html('新的内容
4    ').css('background','red').click(function(){
5            alert('hello');
6        });
7    </script>
```

其中 html()方法设置文本内容，css()方法设置样式，click()方法实现单击操作。可以看到，jQuery 中的链式调用是超级强大的，这种链式的写法对于快速开发来说是非常方便的，熟练掌握 jQuery 语法后，就可以多采用这种方式进行开发。运行代码，页面中显示图 1.15 左侧的"新的内容"按钮，单击"新的内容"按钮，弹出其右侧的"hello"。

图 1.15 链式操作

可以看到$()、html()、css()、click()等语法非常像函数的调用。其实 jQuery 库本身就基于面向对象的程序设计思想，所以这些都是 jQuery 对象下的方法。

1.3.3 命名规范

有时候，也需要对$()获取的元素进行赋值操作。这个时候在定义名字时，最好按照规范在名字的前面添加一个$符号，表示这是一个 jQuery 元素，这样可以很好地跟原生 JavaScript 或其他框架元素进行区分，对后期代码的维护有非常大的帮助，如下所示。

```
1    var $btn = $('button');
2    var $li = $('li');
```

1.3.4 解决冲突

在 JavaScript 代码中看到$符号时，我们第一时间想到的肯定是 jQuery 库。但是$并不是一个专属于 jQuery 的符号，其他库也是可以使用的，所以一旦遇到其他库也使用了$符号，就很有可能产生冲突。那么该如何解决呢？

在 jQuery 中可以使用 jQuery()方法去获取元素，这里的 jQuery 是$的别名，目的就是解决$符号冲突的问题，代码如下所示。

```
1    var $btn = jQuery('button');
2    var $li = jQuery('li');
```

当然，使用 jQuery()方法，会显得名字比较长，写起来没有$那么简短。我们也可以利用 JavaScript 函数作用域的特点，通过匿名函数的执行来添加局部参数，以引入$符号，从而解决冲突问题并保持$符号的简短性，代码如下所示。

```
1    $(function($){
2        var $btn = $('button');
3        var $li = $('li');
4    })(jQuery);
```

还有一种解决冲突的方式，是利用$.noConflict()工具方法。该方法可以返回$的控制权，如果参数设置为 true，可以把 jQuery 的控制权也一并收回，代码如下所示。

```
1    var jq = $.noConflict(true);
2    jq('li').css('background','red');
3    console.log( $ );              // 返回值:undefined
4    console.log( jQuery );         // 返回值:undefined
```

1.4 本章小结

通过本章的学习，我们能够初步了解什么是 jQuery 库，对 jQuery 的优点和特性都有了一定的认知。通过运行 jQuery 的一些简单示例代码我们能够对 jQuery 的核心思想以及编码风格有所掌握。

1.5 习题

1. 填空题

（1）使用 Sublime Text 3 网页编辑器进行 jQuery 提示插件的安装时，按下输入框快捷键后需要输入_____安装插件包。

（2）使用 jQuery 为 "li" 元素添加红色背景，代码为_____。

（3）使用 jQuery 操作多个 DOM 元素的时候，是可以省略 for 循环的，整个遍历的过程会在_____源文件中实现，使用者不用关心其实现的细节。

（4）利用 npm（全球最大的包管理工具）或 Yarn（facebook 公司开发的包管理工具）来下载 jQuery 库，需要使用命令_____或_____。

（5）对 $() 获取的元素进行赋值操作，在定义名字时，最好按照规范在名字的前面添加一个_____符号，表示这是一个 jQuery 元素。

2. 选择题

（1）下列选项中，属于 jQuery 的优势的是（　　　）。

　　A. 让网页更活灵活现，能在网页中实现各种功能和穿插

　　B. 浏览器兼容问题严重，但不存在复杂的 DOM 操作

　　C. 使用 jQuery 语法会比用原生 JavaScript 语法写得更少，所以 jQuery 比 JavaScript 简单易用得多

　　D. 以上都是

（2）下列选项中，说法正确的是（　　　）。

　　A. 引入 src 跟引入一个普通 JS 文件并没有多大的区别

　　B. jQuery 代码非常简洁，#() 方法为 jQuery 中的选择器，可以查找到指定的 DOM 元素

　　C. jQuery 文件的压缩版本，源码中有大量的注释，对于调试是非常友好的，所以适合开发环境使用

　　D. css() 方法可设置 body 元素的样式

（3）下列选项中，说法正确的是（　　　）。

　　A. 使用 jQuery 编写代码的时候，应尽量采用 jQuery 来完成所有的操作

　　B. jQuery 和 JavaScript 在一个页面中是可以共存的，也可以混写

　　C. 由于 jQuery 是 JS 库，所以原生 JS 的方法可以和 jQuery 方法混写

　　D. jQuery 提供了一个 get() 方法，不能把 jQuery 获取的元素转成原生的 JS 元素

（4）下列选项中符合 jQuery 的命名规范的是（　　　）。

　　A. $ 是一个专属于 jQuery 的符号，其他库不能够使用

　　B. 需要给 $() 获取的元素定义名字时，最好按照规范在名字的前面添加一个 $ 符号，表示这是一个 jQuery 元素

　　C. 在 JavaScript 代码中看到 $ 符号时，可能不是 jQuery 库

　　D. $.noConflict() 方法不能够返回 $ 的控制权

（5）下列选项中，说法错误的是（　　　）。

　　A. jQuery 代码非常简洁，$() 方法为 jQuery 中的选择器，可以查找到指定的 DOM 元素

　　B. 使用 jQuery 操作多个 DOM 元素的时候，是可以省略 for 循环的，整个遍历的过程会在 jQuery 源文件中实现

　　C. 使用 jQuery 语法会比用原生 JavaScript 语法写得更少，所以 jQuery 比 JavaScript 简单

易用得多

D. jQuery 提供了一个 get()方法，不能把 jQuery 获取的元素转成原生的 JS 元素

3. 思考题

jQuery 是怎样实现链式调用的?

4. 编程题

使用 jQuery，在单击按钮时，将下面代码中<p>元素的背景颜色设置为红色。

```
1  <body>
2      <p>宝剑锋从磨砺出，梅花香自苦寒来</p>
3  <button type="button">点我</button>
4  </body>
```

第2章 jQuery 选择器详解

本章学习目标

- 了解 jQuery 选择器的种类
- 了解 jQuery 选择器相关的方法
- 掌握 jQuery 选择器的使用技巧

原生 JavaScript 语言中只有少许几种方法能够用来选择 HTML 中指定的元素，常见的只有 getElementById()、getElementsByTagName()、getElementsByClassName()等。不仅方法少，而且有的方法还存在兼容性问题，例如，上一章中提到的 getElementsByClassName()方法，就是 IE 8 以下的浏览器所不支持的。jQuery 选择器不仅提供了大量实用方法，还很好地解决了兼容性问题，帮助开发者快速地进行 HTML 元素的获取。

2.1 选择器分类

jQuery 的选择器完全继承了 CSS 选择器的风格。有 CSS 选择器使用基础的读者，学习 jQuery 选择器是相当轻松的，因为它们有很多类似的地方，如图 2.1 所示。

选择器分类

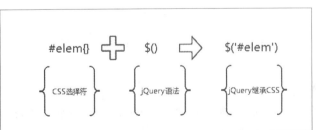

图 2.1 jQuery 继承 CSS 风格

jQuery 选择器非常多，为了让读者更好地理解选择器的使用方式，现将其分为四大类，分别为：基本选择器、层次选择器、属性选择器、伪类选择器，下面就对这些选择器一一进行详细讲解。

2.1.1 基本选择器

所谓基本选择器，就是 jQuery 中使用最为频繁的选择器。jQuery 基本选择器如表 2.1 所示。

表 2.1   jQuery 基本选择器

选择器	说明
ID 选择器	通过 id 属性选择元素
CLASS 选择器	通过 class 属性选择元素
TAG 选择器	通过标签方式选择元素
群组选择器	通过逗号方式选择多个元素
通配选择器	通过星号方式选择多个元素

1. ID 选择器

在 HTML 页面中创建一组列表标签，并对其中一行设置 id 属性，如<li id="elem">，这时可通过
elem 来获取相关的元素，代码如下所示。

```
1  <body>
2    <ul>
3      <li>第一项</li>
4      <li id="elem">第二项</li>
5      <li>第三项</li>
6    </ul>
7    <script>
8      $('#elem').css('background','red');
9    </script>
10 </body>
```

运行以上代码，使用 ID 选择器，改变背景颜色，效果如图 2.2 所示。

图 2.2   ID 选择器选择元素

可以看到，jQuery 的 ID 选择器在使用时，需要在 ID 值前面添加一个"#"，这个获取方式跟 CSS
选择器类似。

2. CLASS 选择器

在 HTML 页面中创建一组列表标签，并对其中两行设置 class 属性值为 box，这时可通过 jQuery
的 CLASS 选择器来获取相关的元素，需要在 class 属性值前面添加一个"."，代码如下所示。

```
1  <body>
2    <ul>
3      <li class="box">第一项</li>
4      <li>第二项</li>
5      <li class="box">第三项</li>
6    </ul>
```

```
7      <script>
8          $('.box').css('background','red');
9      </script>
10  </body>
```

以上代码的运行结果如图 2.3 所示。

图 2.3　CLASS 选择器选择元素

3. TAG 选择器

在 HTML 页面中创建一组列表标签，如何通过直接获取标签的方式来获取元素？这时可使用 jQuery 的 TAG 选择器，代码如下所示。

```
1   <body>
2       <ul>
3           <li>第一项</li>
4           <li>第二项</li>
5           <li>第三项</li>
6       </ul>
7       <script>
8           $('li').css('background','red');
9       </script>
10  </body>
```

以上代码的运行结果如图 2.4 所示。

图 2.4　TAG 选择器选择元素

4. 群组选择器

在 HTML 页面中创建一些不同类型的标签或设置不同类型的选择器时，可通过群组选择器进行统一获取，从而进行后续操作，代码如下所示。

```
1   <body>
2       <div>tag 元素</div>
3       <p class="box">class 元素</p>
4       <h1 id="elem">id 元素</h1>
5       <script>
6           $('div,.box,#elem').css('background','red');
7       </script>
8   </body>
```

以上代码的运行结果如图 2.5 所示。

图 2.5　群组选择器选择元素

可以看到，jQuery 的群组选择器在使用时，可以把指定的元素集合设置成统一的样式，这个获取方式跟 CSS 选择器类似。

5. 通配选择器

通配选择器可获取网页中的所有元素标签，需要使用"*"表示通配性，代码如下所示。

```
1  <body>
2      <ul>
3          <li></li>
4          <li></li>
5          <li></li>
6      </ul>
7      <script>
8          $('*').css('border','1px red solid');
9      </script>
10 </body>
```

以上代码的运行结果如图 2.6 所示。

图 2.6　通配选择器选择元素

可以看到，jQuery 的通配选择器在使用时，是设置一个"*"来获取元素的。它可以获取页面中的所有标签，包括 html、body 等标签。在示例中，所有元素都添加了红色边框。使用通配选择符的时候一定要谨慎，防止误操作所有元素。这个获取方式跟 CSS 选择器类似。

这里要注意，通过 $()方法获取元素时，一定要保证该元素已经加载完毕。为了能找到元素，一般把获取的 jQuery 代码放到页面的底部，如上面示例中的代码。也可以通过$(function(){})的回调方式来确保 DOM 元素已经加载完毕，代码如下所示。

```
1  <head>
2      <meta charset="UTF-8">
3      <title>Document</title>
4      <script src="../jquery-3.2.1.js"></script>
5      <script>
6          $(function(){
7              $('li').css('background','red');
8          });
9      </script>
```

```
10  </head>
11  <body>
12      <ul>
13          <li></li>
14          <li></li>
15          <li></li>
16      </ul>
17  </body>
```

可以看到，$(function(){}) 可以保证 HTML 加载完毕后再进行触发，类似于原生 JavaScript 中的 window.onload = function(){};。

2.1.2　层次选择器

层次选择器，就是通过元素之间的层次关系来获取元素。层次选择器在实际开发中也是相当重要的。常见的层次关系包括后代、父子、兄弟、相邻，对应的选择器如表 2.2 所示。

表 2.2　　　　　　　　　　　　　　jQuery 层次选择器

选择器	说明
后代选择器	M　N，通过 M 元素选择所有后代 N 元素
父子选择器	M > N，通过 M 元素选择所有子代 N 元素
兄弟选择器	M ~ N，通过 M 元素选择所有兄弟 N 元素
相邻选择器	M + N，通过 M 元素选择所有相邻兄弟 N 元素

1.　后代选择器

在 HTML 页面中创建一组嵌套的列表标签，然后通过后代选择器选出所有的列表项，代码如下所示。

```
1   <body>
2       <ul id="list">
3           <li></li>
4           <li>
5               <ul>
6                   <li></li>
7                   <li></li>
8                   <li></li>
9               </ul>
10          </li>
11          <li></li>
12      </ul>
13      <script>
14          $('#list li').css('border','1px red solid');
15      </script>
16  </body>
```

以上代码的运行结果如图 2.7 所示。

可以看到，jQuery 的后代选择器在使用时需要用空格把多个筛选条件隔开，这样就可以获取指定条件下的元素后代集合。示例中的代码就是在 id 为 list 的元素下获取所有的 li 列表项，这个获取方式跟 CSS 选择器类似。

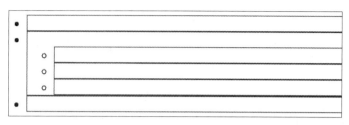

图 2.7　后代选择器选择元素

2. 父子选择器

在 HTML 页面中创建一组嵌套的列表标签，然后通过父子选择器选出所有子列表项，代码如下所示。

```
1  <body>
2      <ul id="list">
3          <li></li>
4          <li>
5              <ul>
6                  <li></li>
7                  <li></li>
8                  <li></li>
9              </ul>
10         </li>
11         <li></li>
12     </ul>
13     <script>
14         $('#list > li').css('border','1px red solid');
15     </script>
16  </body>
```

以上代码的运行结果如图 2.8 所示。

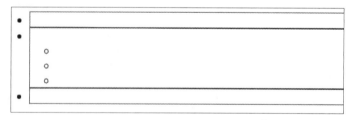

图 2.8　父子选择器选择元素

可以看到，jQuery 的父子选择器在使用时需要通过大于号进行条件的分割。父子选择器跟后代选择器类似，区别在于父子选择器只会选择子代元素，不会选择孙代元素。示例代码中，就是在 id 为 list 的元素的子元素中获取 li 列表项，这个获取方式跟 CSS 选择器类似。

3. 兄弟选择器

在 HTML 页面中创建一组列表标签，然后通过兄弟选择器选出所有后面的兄弟列表项，代码如下所示。

```
1   <body>
2       <ul>
3           <li></li>
4           <li id="elem"></li>
5           <li></li>
6           <li></li>
7       </ul>
8       <script>
9           $('#elem ~ li').css('background','red');
10      </script>
11  </body>
```

以上代码的运行结果如图 2.9 所示。

图 2.9　兄弟选择器选择元素

可以看到，jQuery 的兄弟选择器在使用时需要通过波浪号进行条件的分割。选择的元素是后面指定的兄弟元素，前面的兄弟元素是获取不到的，这一点需要特别注意。示例代码中，就是选择 id 为 elem 的元素后面所有为 li 的兄弟列表项，这个获取方式跟 CSS 选择器类似。

4. 相邻选择器

在 HTML 页面中创建一组列表标签，然后通过相邻选择器选出所有的相邻兄弟列表项，代码如下所示。

```
1   <body>
2       <ul>
3           <li></li>
4           <li id="elem"></li>
5           <li></li>
6           <li></li>
7       </ul>
8       <script>
9           $('#elem + li').css('background','red');
10      </script>
11  </body>
```

以上代码的运行结果如图 2.10 所示。

图 2.10　相邻选择器选择元素

可以看到，jQuery 的相邻选择器在使用时需要通过加号进行条件的分割。选择的元素是后面指定的相邻兄弟元素，也就是说，相邻选择器跟兄弟选择器类似，但只获取后面紧挨着的元素，因此叫作相邻选择器。需要注意的是，它只选择后面的相邻兄弟元素，前面的相邻兄弟元素是获取不到的。示例代码中，就是选择 id 为 elem 的元素后面与之相邻的 li 列表项，这个获取方式跟 CSS 选择器类似。

2.1.3　属性选择器

HTML 标签通常会包含很多标签属性，这些标签属性可以让 HTML 页面产生不同的结构或效果。在 jQuery 中，除了可以直接使用 ID 选择器和 CLASS 选择器以外，还可以利用各种属性进行选择，属性选择器的相关说明如表 2.3 所示。

表 2.3　　　　　　　　　　　　　　　　jQuery 属性选择器

选择器	说明
$('M[attr]')	在 M 元素中选择添加了 attr 属性的集合
$('M[attr=value]')	在 M 元素中选择指定 attr 属性值为 value 的集合
$('M[attr!=value]')	在 M 元素中选择指定 attr 属性值不为 value 的集合
$('M[attr*=value]')	在 M 元素中选择指定 attr 属性包含 value 的集合
$('M[attr^=value]')	在 M 元素中选择 attr 属性起始值为 value 的集合
$('M[attr$=value]')	在 M 元素中选择 attr 属性结束值为 value 的集合
$('M[attr1][attr2]')	在 M 元素中选择添加了多个属性的集合

1. 指定属性

在 HTML 页面中创建一组列表标签，然后给要选择的列表项添加 title 属性，通过指定 title 属性来选取集合，代码如下所示。

```
1  <body>
2      <ul>
3          <li title="one"></li>
4          <li></li>
5          <li title="three"></li>
6      </ul>
7      <script>
8      $('li[title]').css('background','red');
9      </script>
10  </body>
```

以上代码的运行结果如图 2.11 所示。

图 2.11　指定属性选择元素

可以看到在示例中，给列表的第一项和第三项添加了 title 属性并设置了不同的值，但是通过[title] 的方式，只要是有 title 属性的列表项就会被选中，不要求值必须相同。

2. 指定属性和值

在 HTML 页面中创建一组列表标签，通过指定 title 属性和值的方式来选取集合，代码如下所示。

```
1  <body>
2      <ul>
3          <li title="one"></li>
4          <li></li>
5          <li title="three"></li>
6      </ul>
7      <script>
8      $('li[title=one]').css('background','red');
9      </script>
10  </body>
```

以上代码的运行结果如图 2.12 所示。

图 2.12　指定属性和值选择元素

可以看到在示例中，给列表的第一项和第三项添加了 title 属性并设置了不同的值，通过[title=one]的方式，会精确匹配到具备 title 属性和 one 值的列表项。

注意，当指定的值包含空格时，需要添加引号。例如，指定值为 other one 时，需写为[title="other one"]。

3. 指定属性和排除掉的值

在 HTML 页面中创建一组列表标签，通过指定 title 属性和排除掉的值来选取集合，代码如下所示。

```
1  <body>
2      <ul>
3          <li title="one"></li>
4          <li></li>
5          <li title="three"></li>
6      </ul>
7      <script>
8       $('li[title!=one]').css('background','red');
9      </script>
10  </body>
```

以上代码的运行结果如图 2.13 所示。

图 2.13　指定属性和排除掉的值选择元素

可以看到在示例中，通过[title!=one]的方式，排除掉了属性 title 的值为 one 的列表项，即选择了第二项和第三项。

注意，CSS 中并没有这种写法，可选择 :not 选择器进行替代，例如：li:not([title=one]) { background:red;}。

4. 指定属性和包含值

在 HTML 页面中创建一组列表标签，通过指定 title 属性和包含值来选取集合，代码如下所示。

```
1  <body>
2      <ul>
3          <li title="one"></li>
4          <li title="other one"></li>
5          <li title="one !!!"></li>
6      </ul>
7      <script>
8          $('li[title*=one]').css('background','red');
9      </script>
10 </body>
```

以上代码的运行结果如图 2.14 所示。

图 2.14　指定属性和包含值选择元素

可以看到在示例中，通过[title*=one]的方式，选择了属性 title 的值包含 one 的列表项，即全部列表项。

5. 指定属性和起始值

在 HTML 页面中创建一组列表标签，通过指定 title 属性和起始值来选取集合，代码如下所示。

```
1  <body>
2      <ul>
3          <li title="one"></li>
4          <li title="other one"></li>
5          <li title="one !!!"></li>
6      </ul>
7      <script>
8          $('li[title^=one]').css('background','red');
9      </script>
10 </body>
```

以上代码的运行结果如图 2.15 所示。

图 2.15　指定属性和起始值选择元素

可以看到在示例中，通过[title^=one]的方式，选择了属性 title 的起始值为 one 的列表项，即第一项和第三项。

6. 指定属性和结束值

在 HTML 页面中创建一组列表标签，通过指定 title 属性和结束值来选取集合，代码如下所示。

```
1  <body>
2      <ul>
3          <li title="one"></li>
4          <li title="other one"></li>
5          <li title="one !!!"></li>
6      </ul>
7      <script>
8          $('li[title$=one]').css('background','red');
9      </script>
10 </body>
```

以上代码的运行结果如图 2.16 所示。

图 2.16　指定属性和结束值选择元素

可以看到在示例中，通过[title$=one]的方式，选择了属性 title 的结束值为 one 的列表项，即第一项和第二项。

注意，当指定一个确切的值进行选择时，该值既是起始值又是结束值。选择器中的*、^、$等符号都借鉴了正则表达式中的符号用法。

7. 指定多个属性或值

在 HTML 页面中创建一组列表标签，通过指定选择出同时具备 title 属性和 class 属性的集合，代码如下所示。

```
1  <body>
2      <ul>
3          <li title="one" class="box"></li>
4          <li title="other one" class="box"></li>
5          <li title="one !!!"></li>
6      </ul>
7      <script>
8          $('li[title][class]').css('background','red');
9      </script>
10 </body>
```

以上代码的运行结果如图 2.17 所示。

可以看到在示例中，通过[title][class]的方式，选择了既具备 title 属性又具备 class 属性的列表项，即第一项和第二项。

图 2.17　指定多个属性选择元素

2.1.4　伪类选择器

伪类选择器都是以英文冒号 ":" 开头的，用于向某些标签添加特殊的效果。jQuery 提供了大量的伪类选择器，使我们可以快速地选择想要获取的元素。伪类选择器按照功能不同，大致可划分为六大类，如表 2.4 所示。

表 2.4　　　　　　　　　　　　　　jQuery 伪类选择器

选择器	说明
简单伪类选择器	对单一功能的控制
结构伪类选择器	对集合遍历的控制
可见性伪类选择器	对显示隐藏的控制
内容伪类选择器	对文本内容的控制
表单伪类选择器	对表单元素的控制
状态伪类选择器	对标签状态的控制

1．简单伪类选择器

简单伪类选择器功能单一。下面介绍一些常见的简单伪类选择器的用法。

● :not(selector)

not 表示排除掉的意思，所以这个简单伪类选择器表示获取相反的其他元素。代码如下所示。

```
1  <body>
2      <ul>
3          <li class="one"></li>
4          <li class="two"></li>
5          <li class="three"></li>
6      </ul>
7      <script>
8          $('li:not(.one)').css('background','red');
9      </script>
10  </body>
```

以上代码的运行结果如图 2.18 所示。

图 2.18　:not（selector）选择元素

在示例代码中，li:not(.one)表示查找所有的 li 标签，并选择出 class 不为 one 的所有元素。

● :first、last、odd 和 even

选择集合中的第一项、最后一项、偶数行项、奇数行项。代码如下所示。

```
1  <body>
2      <ul>
3          <li></li><li></li><li></li><li></li><li></li>
4      </ul>
5      <ol>
6          <li></li><li></li><li></li><li></li><li></li>
7      </ol>
8      <script>
9          $('ul li:first').css('background','red');
10         $('ul li:last').css('background','blue');
11         $('ol li:odd').css('background','red');
12         $('ol li:even').css('background','blue');
13     </script>
14 </body>
```

以上代码的运行结果如图 2.19 所示。

图 2.19 :first、last、odd、even 选择元素

在示例代码中，ul 下分别选择集合的第一项添加红色背景和最后一项添加蓝色背景；ol 下分别选择偶数行添加红色背景和奇数行添加蓝色背景。

● :eq、:lt 和:gt

选择集合中的某一项，选择集合中所有小于指定项的项，选择集合中所有大于指定项的项。代码如下所示。

```
1  <body>
2      <ul>
3          <li></li><li></li><li></li><li></li><li></li>
4      </ul>
5      <script>
6          $('li:lt(2)').css('background','red');
7          $('li:eq(2)').css('background','yellow');
8          $('li:gt(2)').css('background','blue');
9      </script>
10 </body>
```

以上代码的运行结果如图 2.20 所示。

图 2.20　:eq 、:lt 、:gt 选择元素

在示例代码中，第一项用 0 表示，第二项用 1 表示，以此类推。因此，lt(2)表示第三项之前的所有项，即第一项和第二项；eq(2)表示第三项；gt(2)表示第三项之后的所有项，即第四项和第五项。

2. 结构伪类选择器

结构伪类选择器对集合中的项进行分开控制或对集合中的某一项进行单独控制。下面介绍一些常见的结构伪类选择器的用法。

- :nth-of-type() / :nth-child()

首先来看：nth-of-type()的使用，其中括号内的参数表示集合中的第几项，这个下标是从 1 开始的，而不是 0，所以集合的第一项表示为：nth-of-type(1)，其他项以此类推。代码如下所示。

```
1  <body>
2      <ul>
3          <li></li><li></li><li></li><li></li><li></li>
4      </ul>
5      <script>
6          $('li:nth-of-type(1)').css('background','red');
7          $('li:nth-of-type(2)').css('background','blue');
8      </script>
9  </body>
```

以上代码的运行结果如图 2.21 所示。

图 2.21　:nth-of-type()选择元素

除了可以设置下标为具体的数值外，还可以设置一个 *n* 值，n 表示从 0 到无限大的整数，可利用其特性，实现隔行添加样式的操作，例如，2*n* 表示第 2、4、6……行，3*n* 表示第 3、6、9……行。

```
1  <body>
2      <ul>
3          <li></li><li></li><li></li><li></li><li></li>
4      </ul>
5      <script>
6          $('li:nth-of-type(2n)').css('background','red');
```

```
7        </script>
8    </body>
```

以上代码的运行结果如图 2.22 所示。

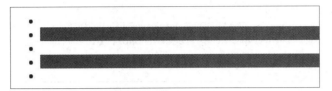

图 2.22　选择第 2n 项

:nth-child()跟:nth-of-type()用法基本相同，上面的示例代码中，也可以用:nth-child()来实现同样的
效果。那么区别在哪里呢？在于选择的集合不同。:nth-of-type()表示指定类型的集合项，而:nth-child()
表示子元素的集合项。代码如下所示。

```
1    <body>
2        <ul>
3            <div>div</div>
4            <li></li>
5            <li></li>
6        </ul>
7        <ol>
8            <div>div</div>
9            <li></li>
10            <li></li>
11        </ol>
12        <script>
13            $('ul li:nth-of-type(1)').css('background','red');
14            $('ul li:nth-of-type(2)').css('background','red');
15            $('ol li:nth-child(1)').css('background','red');
16            $('ol li:nth-child(2)').css('background','red');
17        </script>
18    </body>
```

以上代码的运行结果如图 2.23 所示。

图 2.23　:nth-child()和:nth-of-type()选择元素

在示例代码中，:nth-of-type(1)表示 li 中的第一项，即 ul 中的第二个子项，而:nth-child(1)表示子
元素中的第一项，即 ol 中的第一个子项。所以两种写法在特殊的结构中产生的效果可能会不同，需
要特别注意。

● :first-of-type/:first-child 和:last-of-type/:last-child

:first-of-type 表示集合中的第一项，:last-of-type 表示集合中的最后一项。代码如下所示。

```
1  <body>
2      <ul>
3          <li></li><li></li><li></li><li></li><li></li>
4      </ul>
5      <script>
6          $('li:first-of-type').css('background','red');
7          $('li:last-of-type').css('background','blue');
8      </script>
9  </body>
```

以上代码的运行结果如图 2.24 所示。

图 2.24 :first-of-type 和:last-of-type 选择元素

在示例代码中，第一项被设置为红色，最后一项被设置为蓝色。:first-child、:last-child 的用法与之类似，但是一样要注意它们之间的区别，这里不再赘述。

- :only-of-type / :only-child

:only-of-type 表示该类型的元素在集合中只有一项，而:only-child 表示子元素在集合中只有一项。代码如下所示。

```
1  <body>
2      <ul>
3          <li></li>
4      </ul>
5      <ol>
6          <div>div</div>
7          <li></li>
8      </ol>
9      <script>
10         $('ul li:only-child').css('background','red');
11         $('ol li:only-of-type').css('background','red');
12     </script>
13 </body>
```

以上代码的运行结果如图 2.25 所示。

图 2.25 :only-of-type 和:only-child 选择元素

在示例代码中，ul 下只有一个子元素，所以:only-child 可以获取到；ol 下虽然有两个子元素，但是 li 标签只有一个，所以:only-of-type 也可以获取到。

3. 可见性伪类选择器

可见性伪类选择器根据元素的"可见"与"不可见"这两种状态来选取元素。下面介绍可见性伪类选择器的用法。

- :hidden 和:visible

:hidden 选取所有不可见元素；:visible 选取所有可见元素，与:hidden 正好相反。下面先演示不设置可见性伪类选择器的效果，代码如下所示。

```
1  <body>
2      <ul>
3          <li style="display:none"></li>
4          <li hidden></li>
5          <li></li>
6      </ul>
7      <script>
8          $('li').css('background','red');
9      </script>
10 </body>
```

以上代码保存后用浏览器打开，按快捷键 F12，即可看见控制台中展示的代码结构，如图 2.26 所示。

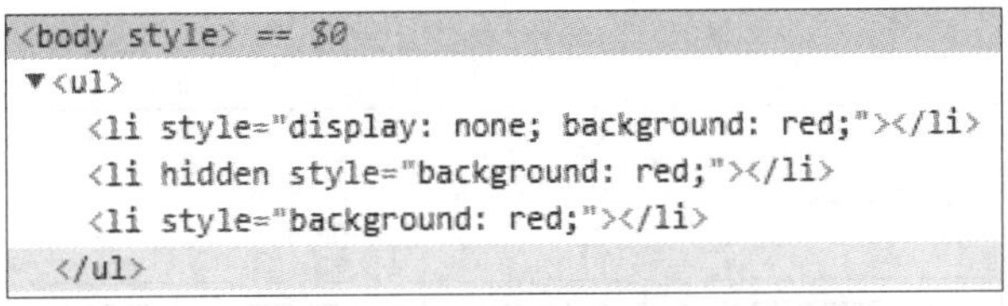

```
<body style> == $0
▼<ul>
    <li style="display: none; background: red;"></li>
    <li hidden style="background: red;"></li>
    <li style="background: red;"></li>
  </ul>
```

图 2.26　不设置可见性伪类选择器

示例代码选择了所有的 li 标签并设置背景色，通过浏览器控制台可以发现，无论是可见元素还是不可见元素都被设置上了背景色。下面设置可见性伪类选择器，再来看一下效果。

```
1  <body>
2      <ul>
3          <li style="display:none"></li>
4          <li hidden></li>
5          <li></li>
6      </ul>
7      <script>
8          $('li:hidden').css('background','red');
9          $('li:visible').css('background','blue');
10     </script>
11 </body>
```

以上代码保存后用浏览器打开，按快捷键 F12，即可看见控制台中展示的代码结构，如图 2.27 所示。

示例代码为不可见的元素设置了红色的背景，为可见的元素设置了蓝色的背景。

4. 内容伪类选择器

内容伪类选择器根据元素文本内容选取元素。下面介绍一些常见的内容伪类选择器的用法。

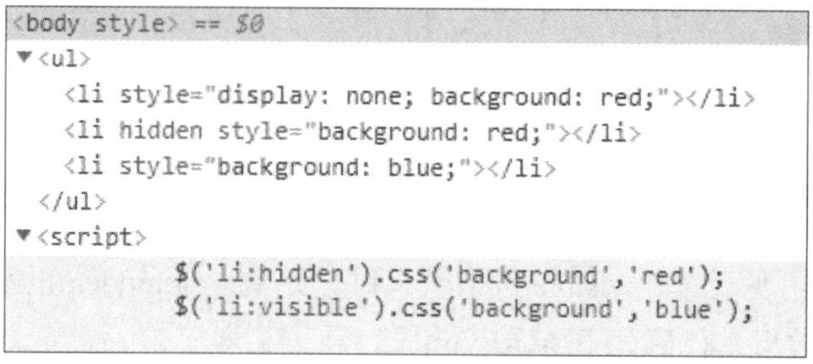

```
<body style> == $0
▼<ul>
   <li style="display: none; background: red;"></li>
   <li hidden style="background: red;"></li>
   <li style="background: blue;"></li>
 </ul>
▼<script>
              $('li:hidden').css('background','red');
              $('li:visible').css('background','blue');
```

图 2.27   可见性伪类选择器选择元素

- :contains(text)

:contains(text) 选择包含给定文本内容的元素，代码如下所示。

```
1   <body>
2       <ul>
3           <li>one</li>
4           <li>other one</li>
5           <li>three</li>
6       </ul>
7       <script>
8           $('li:contains(one)').css('background','red');
9       </script>
10  </body>
```

以上代码的运行结果如图 2.28 所示。

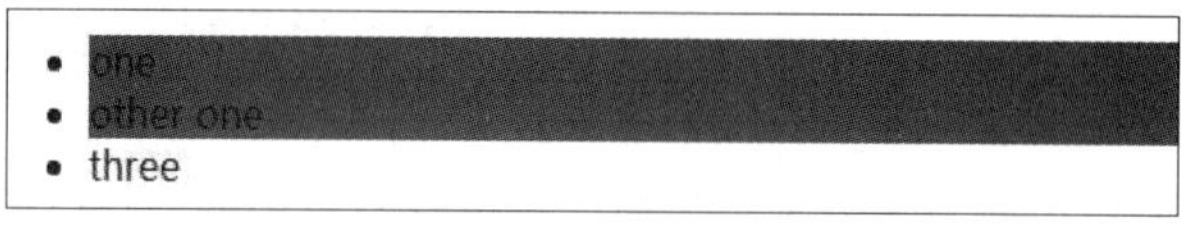

- one
- other one
- three

图 2.28   :contains（text）选择元素

示例代码选择了所有文本中包含 one 字符的 li 标签，并设置红色背景。

- :has(selector)

:has(selector) 选择含有选择器所匹配元素的元素，代码如下所示。

```
1   <body>
2       <ul>
3           <li><span class="one"></span></li>
4           <li><span class="two"></span></li>
5           <li><span class="one two"></span></li>
6       </ul>
7       <script>
8           $('li:has(.one)').css('background','red');
9       </script>
10  </body>
```

示例代码选择 li 标签中包含 one 类的元素，并设置红色背景。注意，最终获取到的是 li 元素，而不是 span 元素，如图 2.29 所示。

图 2.29 :has(selector)选择元素

● :empty 和:parent

:empty 选择所有不包含子元素或者不包含文本的元素，而:parent 跟:empty 正好相反，选择含有子元素或者文本的元素，代码如下所示。

```
1  <body>
2      <ul>
3          <li>第一项</li>
4          <li><span></span></li>
5          <li></li>
6      </ul>
7      <script>
8          $('li:parent').css('background','red');
9          $('li:empty').css('background','blue');
10     </script>
11 </body>
```

在示例代码中，第一项和第二项都是包含内容的，所以设置成红色背景，而第三项没有任何内容，所以设置成蓝色背景，如图 2.30 所示。

图 2.30 :empty 和:parent 选择元素

5. 表单伪类选择器

表单伪类选择器根据表单元素的类型选取元素，如表 2.5 所示。

表 2.5 jQuery 表单伪类选择器

选择器	说明
:input	选择所有 input 元素
:button	选择所有普通按钮，即 type="button"的 input 元素
:submit	选择所有提交按钮，即 type="submit"的 input 元素
:reset	选择所有重置按钮，即 type="reset"的 input 元素
:text	选择所有单行文本框
:textarea	选择所有多行文本框
:password	选择所有密码文本框
:radio	选择所有单选按钮
:checkbox	选择所有复选框
:image	选择所有图像域
:hidden	选择所有隐藏域
:file	选择所有文件域

下面对表 2.5 中一些选择器进行演示，代码如下所示。

```
1  <body>
2    <form>
3      <p>用户名: <input type="text"></p>
4      <p>密码: <input type="password"></p>
5      <p><input type="submit" value="登录"></p>
6    </form>
7    <script>
8      $(':input').css('border','1px block solid');
9      $(':text').css('background','red');
10     $(':password').css('background','yellow');
11     $(':submit').css('background','blue');
12   </script>
13 </body>
```

示例代码选择了所有表单相关元素，并设置对应的样式。代码运行结果如图 2.31 所示。

图 2.31   表单伪类选择器选择元素

6. 状态伪类选择器

状态伪类选择器根据表单元素的状态选取元素，如表 2.6 所示。

表 2.6   **jQuery 状态伪类选择器**

选择器	说明
:checked	选择所有被选中的表单元素，一般用于 radio 和 checkbox
option:selected	选择所有被选中的 option 元素
:enabled	选择所有可用元素，一般用于 input、select 和 textarea
:disabled	选择所有不可用元素，一般用于 input、select 和 textarea
:read-only	选择所有只读元素，一般用于 input 和 textarea
:focus	选择获得焦点的元素，常用于 input 和 textarea

接下来对表 2.6 中一些选择器进行演示，代码如下所示。

```
1  <body>
2    <form>
3      <p>
4        <input type="checkbox" disabled>第一项
5        <input type="checkbox" checked>第二项
6      </p>
7    </form>
8    <script>
9      $(':disabled').css('background','red');
10     $(':checked').css('background','blue');
```

```
11      </script>
12  </body>
```

示例代码选择了所有表单相关元素，并设置对应的样式。代码运行结果如图 2.32 所示。

```
▼<form>
  ▼<p>
      <input type="checkbox" disabled style="background: red;">
      "第一项
      "
      <input type="checkbox" checked style="background: blue;">
      "第二项
      "
```

图 2.32 状态伪类选择器选择元素

2.2 选择器方法

选择器方法

为了让操作元素变得更加地灵活，并且方便后续的扩展操作，jQuery 提供了一些选择器相关的实用方法。下面是对这些方法的详细介绍。

2.2.1 eq()方法

选择列表中的某一项并添加样式，非常适合使用 eq()方法，该方法可查找一个集合中的指定项。

eq()方法的参数为指定项的下标，下标从 0 开始计数。例如，选择列表项中的第二项，那么下标就为 1，即 eq(1)，代码如下所示。

```
1   <body>
2       <ul>
3           <li></li>
4           <li></li>
5           <li></li>
6           <li></li>
7       </ul>
8       <script>
9           $('li').eq(1).css('background','red');
10      </script>
11  </body>
```

以上代码的运行结果如图 2.33 所示。

图 2.33 eq()方法选择元素

eq(0)表示集合的第一项，而 jQuery 专门提供了一个获取集合第一项的方法，即 first()，所以 eq(0)和 first()这两种写法是等价的，在 jQuery 源码内部，first()方法的实现就是调用了 eq(0)。

既然有 first()方法，那么就会有 last()方法，last()方法获取一个集合中的最后一项，该方法也是由

eq()方法演化得来的。

```
1  <body>
2      <ul>
3          <li></li>
4          <li></li>
5          <li></li>
6          <li></li>
7      </ul>
8      <script>
9          $('li').first().css('background','red');
10         $('li').last().css('background','blue');
11     </script>
12 </body>
```

以上代码的运行结果如图 2.34 所示。

图 2.34　first()和 last()方法选择元素

2.2.2　find()方法

选择指定集合内部的元素的时候，可以使用后代选择器，而 jQuery 也提供了一个专门进行后代查找的方法，即 find()方法。

下面先看一个示例。获取 ul 下的所有列表项，通过 find()方法去实现，代码如下所示。

```
1  <body>
2      <ul>
3          <li></li>
4          <li></li>
5          <li></li>
6      </ul>
7      <ol>
8          <li></li>
9          <li></li>
10          <li></li>
11     </ol>
12     <script>
13         $('ul').find('li').css('background','red');
14     </script>
15 </body>
```

以上代码的运行结果如图 2.35 所示。

find()方法和后代选择器都可以实现这个需求，但是 find()方法的性能好于后代选择器，因为后代选择器是模拟 CSS3 的实现方式，需要对字符串进行分割，再进行原生 JavaScript 的调用，而 find()方法直接调用原生 JavaScript，省略了字符串的分割操作。

图 2.35　find()方法选择元素

2.2.3　add()方法

选择多个元素的时候，可以使用群组选择器，而 jQuery 也提供了一个专门进行群组操作的方法，即 add()方法。

下面先看一个示例。获取所有段落和链接，通过 add()方法去实现，代码如下所示。

```
1  <body>
2      <p>这是段落</p>
3      <a href="#">这是链接</a>
4      <script>
5          $('p').add('a').css('background','red');
6      </script>
7  </body>
```

以上代码的运行结果如图 2.36 所示。

图 2.36　add()方法选择元素

这种操作比较灵活，可以通过设置变量的方式进行控制，适合实现一些特殊的需求。

2.2.4　筛选方法

伪类选择器能实现筛选操作，而 jQuery 也提供了专门的筛选方法。

● filter()

filter()过滤想要的元素，例如，选择所有带 class 属性，且属性值为 box 的列表项，代码如下所示。

```
1   <body>
2       <ul>
3           <li class="box"></li>
4           <li class="box"></li>
5           <li></li>
6       </ul>
7       <script>
8           $('li').filter('.box').css('background','red');
9       </script>
10  </body>
```

以上代码的运行结果如图 2.37 所示。

图 2.37　filter()方法选择元素

- not()

not()排除指定的元素，例如，选择所有 class 属性值不为 box 的列表项，代码如下所示。

```
1  <body>
2      <ul>
3          <li class="box"></li>
4          <li class="box"></li>
5          <li></li>
6      </ul>
7      <script>
8          $('li').not('.box').css('background','red');
9      </script>
10  </body>
```

使用 not()方法修改背景颜色，以上代码运行结果如图 2.38 所示。

图 2.38　not()方法选择元素

- has()

has()选择是否包含某个元素，例如，选择后代元素带 class 属性，且属性值为 box 的列表项，代码如下所示。

```
1  <body>
2      <ul>
3          <li><span class="box"></span></li>
4          <li><span class="box"></span></li>
5          <li></li>
6      </ul>
7      <script>
8          $('li').has('.box').css('background','red');
9      </script>
10  </body>
```

以上代码的运行结果如图 2.39 所示。

图 2.39　has()方法选择元素

这里需要注意的是跟 filter()方法的区别，has()筛选包含的元素，而 filter()筛选当前的元素，筛选条件是不同的，但在本案例中操作对象是一样的。

2.3　选择器技巧

前面对选择器方法进行了讲解，本节将对选择器的使用技巧进行介绍。读者通过了解选择器的使用技巧，可适应更多的开发场景，对 jQuery 选择器建立整体的理解。

2.3.1　length 属性

jQuery 选择器获取到的是一个元素集合，哪怕集合中只有一个元素。是集合就必然会有长度，即长度值。

在 jQuery 中，我们通过 length 属性来获取集合的长度值，代码如下所示。

```
1  <body>
2      <div id="elem"></div>
3      <ul>
4          <li></li>
5          <li></li>
6          <li></li>
7      </ul>
8      <script>
9      console.log( $('#elem').length );      //1
10      console.log( $('ul li').length );      //3
11      console.log( $('#elem2').length );      //0
12      </script>
13  </body>
```

可以看到，当集合中只有一个元素时，返回长度值为 1；当选择器没有选择到任何元素时，返回长度值为 0。

2.3.2　取值与赋值

本节我们来了解一下 jQuery 的特性：取值与赋值。jQuery 库中有很多方法即可以获取值也可以设置值，如 css()、html()等方法，代码如下所示。

```
1  <body>
2      <div id="elem" style="color:red">这是一个块</div>
3      <script>
4      console.log( $('#elem').css('color') );  // red
5      $('#elem').css('color','blue');
6      console.log( $('#elem').html() );         // 这是一个块
7      $('#elem').html('这是另一个块');
8      </script>
9  </body>
```

上述代码的运行结果如图 2.40 所示。

图 2.40　css()、html()赋值显示效果

可以看到，css()、html()等方法通过参数的个数来决定到底是取值还是赋值，在示例中，css()方法设置一个参数为取值操作，设置两个参数为赋值操作。同理，html()方法不设置参数为取值操作，设置一个参数为赋值操作。

那么取值和赋值除了参数的区别以外，还有哪些区别呢？前面介绍了 jQuery 选择器获取到的是一个元素集合，针对多个元素的时候，取值的对象是整个集合中的第一项，而赋值的对象是整个集合的所有项，代码如下所示。

```
1  <body>
2    <ul>
3        <li>第一项</li>
4        <li>第二项</li>
5        <li>第三项</li>
6    </ul>
7    <script>
8    console.log( $('li').html() );   // 第一项
9    $('li').html('列表项');
10    </script>
11 </body>
```

上述代码的运行结果如图 2.41 所示。

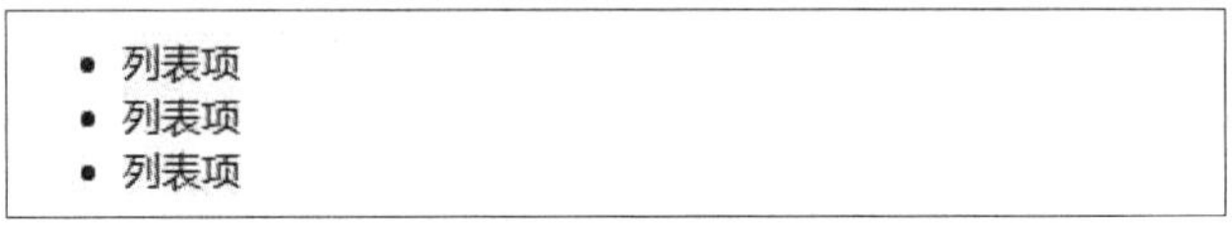

> - 列表项
> - 列表项
> - 列表项

图 2.41　html()赋值显示效果

jQuery 中的方法基本上都具备以上特性，除了 text()方法。text()方法跟 html()方法类似，区别在于 text()方法只获取文本，不获取元素。先通过一个示例看一下二者之间的差别，再看 text()方法在取值与赋值中的特性。

```
1  <body>
2    <div id="elem"><span>这是一块</span></div>
3    <script>
4    console.log($('#elem').html());   //<span>这是一块</span>
5    console.log($('#elem').text());   //这是一块
6    </script>
7  </body>
```

text()方法在对一个集合进行取值的时候，会获取集合所有项的值，代码如下所示。

```
1  <body>
2      <ul>
3          <li>第一项</li>
4          <li>第二项</li>
5          <li>第三项</li>
6      </ul>
7      <script>
8      console.log( $('li').text() );    // 第一项第二项第三项
9      </script>
10  </body>
```

text()方法对一个元素或一个集合赋值时，会把要添加的内容当作一段字符串进行处理，代码如下所示。

```
1  <body>
2      <div></div>
3      <script>
4      $('div').text('<h1>这是一个标题</h1>');
5      </script>
6  </body>
```

2.3.3 index()方法

集合中还有一个很重要的概念就是索引。索引来自于数据库，是对数据库表中的一列或多列的值进行排序的一种结构。使用索引可快速访问数据库表中的特定信息。

索引值都是唯一的，以便确定集合中的特定身份，一般在计算机中索引值都是从 0 开始计数的。jQuery 用 index()方法表示集合的索引值，默认情况下为兄弟之间的索引关系。

```
1  <body>
2      <ul>
3          <li><span>第一项</span></li>
4          <li id="elemLi"><span id="elemSpan">第二项</span></li>
5          <li><span>第三项</span></li>
6      </ul>
7      <script>
8      console.log( $('#elemLi').index() );        //1
9      console.log( $('#elemSpan').index() );       //0
10     </script>
11  </body>
```

可以看到，li 之间是兄弟关系，所以第二个 li 的索引值为 1，而 span 之间并不是兄弟关系，所以第二个 span 的索引值为 0。index()方法可设置一个参数，表示在指定元素中的索引。

```
1  <body>
2      <ul>
3          <li><span>第一项</span></li>
4          <li id="elemLi"><span id="elemSpan">第二项</span></li>
5          <li><span>第三项</span></li>
```

```
6      </ul>
7      <script>
8          console.log( $('#elemSpan').index('span') );          //1
9      </script>
10     </body>
```

可以看到，设置了参数后，第二个 span 的索引值为 1 了。这里读者先对 index()方法有所了解即可，后续实战内容中，可以看到 index()方法的实际用处，它非常适合做映射关系的相关功能实现。

2.3.4　each()方法

前面介绍过，如果对一个集合赋值，就会对所有集合项进行统一操作。这样就不能对每一项进行特殊的设置。

each()方法就是来解决每一项的单独控制问题的。each()方法的参数为一个回调函数，函数接收两个参数，分别为索引值和集合中的项。

```
1   <body>
2       <ul>
3           <li></li><li></li><li></li>
4       </ul>
5       <script>
6       $('li').each(function(index,elem){
7           $(elem).html('当前索引: ' + index);
8       });
9       </script>
10  </body>
```

上述代码使用 each()方法遍历 ul 下的 li 元素，运行结果如图 2.42 所示。

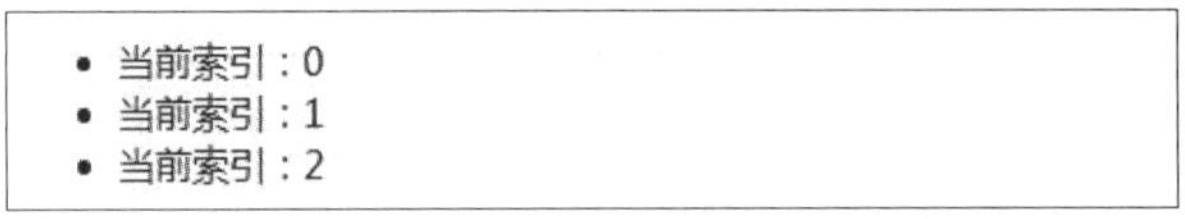

- 当前索引 : 0
- 当前索引 : 1
- 当前索引 : 2

图 2.42　each()方法显示效果

2.4　本章小结

通过本章的学习，读者可以了解到选择器的种类，学会使用选择器中常见的方法，并通过学习选择器的使用技巧熟练运用选择器。jQuery 的选择器是非常强大的，这也是开发人员选择使用 jQuery 库的一个很重要的原因。

2.5　习题

1．填空题

（1）jQuery 的 ID 选择器在使用时，需要在 ID 值前面添加一个_____。

（2）通过 jQuery 的 CLASS 选择器来获取相关的元素，需要在 class 属性值前面添加一个_____。

（3）jQuery 的通配选择器在使用时，是设置一个_____来获取元素的。

（4）_____表示指定类型的集合项，而_____ 表示子元素的集合项。

2. 选择题

（1）下列方法中，用于获取集合中的某一项的方法是（　　　）。

　　A. find()方法

　　B. eq()方法

　　C. add()方法

　　D. 以上都是

（2）下列选项中，说法正确的是（　　　）。

　　A. jQuery 通过 length 属性来获取集合的长度值

　　B. jQuery 通过 eq()方法来获取集合的长度值

　　C. 在 jQuery 中用 index()方法表示集合的索引值，没有默认情况

　　D. each()方法就是用来比较两个元素集合大小的

（3）下列选项中，说法正确的是（　　　）。

　　A. 选择多个元素的时候，可以使用群组选择器，而 jQuery 中也提供了一个专门进行群组操作的方法，即 each()方法

　　B. jQuery 的 ID 选择器在使用时，需要在 ID 值前面添加一个 "."

　　C. 在 jQuery 中，除了可以直接使用 ID 选择器和 CLASS 选择器以外，还可以利用各种属性进行选择

　　D. 当指定的值包含空格时，需要添加 "/"

（4）下列选项中对于使用 class 属性选择元素说法正确的是（　　　）。

　　A. 可以通过逗号方式选择多个元素

　　B. 可通过 jQuery 的 CLASS 选择器来获取相关的元素，需要在 class 属性值前面添加一个 "."

　　C. 可以通过星号方式选择多个元素

　　D. 可以通过标签方式选择元素

（5）下列选项中，对于 find()方法描述正确的是（　　　）。

　　A. find()方法的参数为指定项的下标，下标从 0 开始计数

　　B. find()方法是一个专门进行群组操作的方法

　　C. find()方法是一个专门针对筛选的方法

　　D. find()方法是一个专门进行后代查找的方法

3. 思考题

css()、html()等方法是通过什么决定其到底是取值还是赋值的？

4. 编程题

使用 ID 选择器和 CLASS 选择器，将 body 内的列表的第二项和第三项元素背景颜色分别设置为红色和绿色。

```
1    <body>
2        <ul>
```

```
3            <li>第一项</li>
4            <li id="elem">第二项</li>
5            <li class="box">第三项</li>
6      </ul>
7  </body>
```

第 3 章　jQuery 操作 DOM

本章学习目标

- 了解 jQuery 中 DOM 的高级用法
- 掌握 jQuery 查找 DOM 节点的方法
- 掌握 jQuery 操作 DOM 节点的方法

DOM 是 W3C（World Wide Web Consortium，万维网联盟）推荐的处理可扩展标志语言的标准编程接口。在网页上，用一个树形结构来表示文档中对象的标准模型就称为 DOM。

DOM 可被 JavaScript 用来读取、改变 HTML（HyperText Markup Language，超文本标记语言）、XHTML（eXtensible HyperText Markup Language，可扩展超文本标记语言）以及 XML（eXtensible Markup Language，可扩展标记语言）文档，可以添加、移除、改变或重排页面上的项目。原生 JavaScript 操作 DOM 存在很多兼容性问题，jQuery 解决了这些问题，使用统一的方法进行操作。原生 JavaScript 操作 DOM 的能力有限，很多方法需要自己去实现，jQuery 提供了大量实用的 DOM 方法，让开发变得简单高效。

在 DOM 结构中，一个网页可以映射成一个节点层次树状图结构，页面元素如下所示。

```
1  <html>
2  <head>
3      <title>文档标题</title>
4  </head>
5  <body>
6      <a href="http://www.163.com">我的链接</a>
7      <h1>我的标题</h1>
8  </body>
9  </html>
```

以上代码中，文档中的每个标记都可以用 DOM 树结构中的一个节点来表示，HTML 元素用元素节点（如 a、h1 元素）表示，元素的属性用属性节点（如超级链接的 href 属性）表示，文本内容用文本节点（如 h1 元素内部文本"我的标题"）表示。网页映射的节点层次树状图结构如图 3.1 所示。

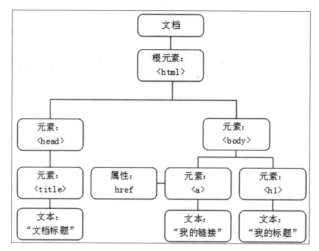

图 3.1　DOM 树状图结构

3.1　查找 DOM 元素

查找 DOM 元素

上一章讲到的 **jQuery** 选择器其实也可以算作查找 DOM 元素的一种方式，除此之外，还有很多查找 DOM 元素的方法。

在学习查找 DOM 元素之前，先要搞清楚什么是子节点、父节点以及兄弟节点。在<html>元素中内嵌了<head>与<body>元素，所以<head>和<body>元素为<html>元素的子节点，<html>元素为<head>和<body>元素的父节点。因为<head>与<body>元素拥有共同的父节点，所以它们互为兄弟节点。

3.1.1　子节点查找

- children(selector)

在 jQuery 中，children() 方法返回被选元素的所有直接子节点。selector 作为可选参数，值为字符串，表示包含匹配元素的选择器表达式。子节点查找的示例代码如下所示。

```
1  <body>
2      <div id="parent">
3          <p>段落 1</p>
4          <p>段落 2</p>
5          <a href="#">链接 1</a>
6          <a href="#">链接 2</a>
7      </div>
8      <script>
9      $('#parent').children().css('border','1px red solid');
10      $('#parent').children('a').css('color','red');
11      </script>
12  </body>
```

在以上代码的运行结果中，p 标签和 a 标签添加了红色的边框，而只有 a 标签添加了红色的字体颜色，如图 3.2 所示。

段落1

段落2

链接1 链接2

图 3.2　children()方法查找元素

3.1.2　父节点查找

- parent(selector)

在 jQuery 中，parent() 方法获得当前匹配元素集合中每个元素的父元素，selector 作为可选参数，值为字符串，表示包含匹配元素的选择器表达式。父节点查找的示例代码如下所示。

```
1  <body>
2      <ul>
3          <li></li>
4      </ul>
5      <ol>
6          <li></li>
7      </ol>
8      <script>
9          $('li').parent().css('border','1px red solid');
10         $('li').parent('ul').css('background','yellow');
11     </script>
12  </body>
```

在以上代码的运行结果中，ul 标签和 ol 标签添加了红色的边框，而只有 ul 标签添加了黄色的背景颜色，如图 3.3 所示。

图 3.3　parent()方法查找元素

- parents(selector)

在 jQuery 中，parents()方法获得当前匹配元素集合中每个元素的祖先元素，selector 作为可选参数，值为字符串，表示包含匹配元素的选择器表达式。祖先节点查找的示例代码如下所示。

```
1  <body>
2      <ul>
3          <li></li>
4      </ul>
5      <script>
6          $('li').parents().css('border','1px red solid');
7          $('li').parents('ul').css('background','yellow');
8      </script>
9  </body>
```

在以上代码的运行结果中，ul 标签、body 标签和 html 标签都添加了红色的边框，因为它们都是

li 标签的祖先元素，而只有 ul 标签添加了黄色的背景颜色，如图 3.4 所示。

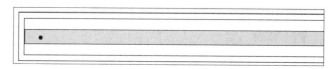

图 3.4　parents()方法查找元素

- offsetParent ()

在 jQuery 中，offsetParent() 方法获得有定位的最近祖先元素。有定位祖先节点查找的示例代码如下所示。

```
1  <body>
2      <ul style="position:absolute">
3          <li><a href="#">链接</a></li>
4          <li></li>
5      </ul>
6      <script>
7          $('a').offsetParent().css('border','1px red solid');
8      </script>
9  </body>
```

在以上代码的运行结果中，ul 标签添加了红色的边框，如图 3.5 所示。

图 3.5　offsetParent()方法查找元素

offsetParent()方法跟 CSS 中的 absolute 绝对定位用法类似，如果所有的祖先节点都没有定位方式，那么 offsetParent()就会选中 html 标签。

3.1.3　兄弟节点查找

- next(selector)、prev(selector)

在 jQuery 中，next() 方法获得匹配元素集合中某个元素紧邻的兄弟元素。如果提供选择器，则取回匹配该选择器的下一个兄弟元素。prev() 方法获得匹配元素集合中某个元素紧邻的前一个兄弟元素。如果提供选择器，则取回匹配该选择器的前一个兄弟元素。兄弟节点查找的示例代码如下所示。

```
1  <body>
2      <div>div</div>
3      <h2>h2</h2>
4      <p>p</p>
5      <script>
6          $('h2').next().css('border','1px red solid');
7          $('h2').prev().css('border','1px blue solid');
8      </script>
9  </body>
```

在以上代码的运行结果中，div 标签添加了蓝色的边框，p 标签添加了红色的边框，如图 3.6 所示。

图 3.6　next()和 prev()方法查找元素

下面是带有筛选条件的查找示例。

```
1  <body>
2      <h2>h2</h2>
3      <p>p</p>
4      <h2>h2</h2>
5      <div>div</div>
6      <script>
7          $('h2').next('div').css('border','1px red solid');
8      </script>
9  </body>
```

在以上代码的运行结果中，div 标签添加了红色的边框，而 p 标签则没有添加红色边框，因为 p 标签不满足筛选条件，如图 3.7 所示。

图 3.7　next(selector)方法查找元素

- nextAll(selector)、prevAll(selector)

在 jQuery 中，nextAll() 方法获得匹配元素集合中某个元素后面的所有兄弟元素。如果提供选择器，则取回匹配该选择器的后面的所有兄弟元素。prevAll() 方法获得匹配元素集合中某个元素前面的所有兄弟元素。如果提供选择器，则取回匹配该选择器的前面的所有兄弟元素。兄弟节点查找的示例代码如下所示。

```
1  <body>
2      <div>div</div>
3      <div>div</div>
4      <h2>h2</h2>
5      <p>p</p>
6      <p>p</p>
7      <script>
8      $('h2').nextAll().css('border','1px red solid');
```

```
9     $('h2').prevAll().css('border','1px blue solid');
10    </script>
11  </body>
```

在以上代码的运行结果中，两个 div 标签都添加了蓝色的边框，两个 p 标签都添加了红色的边框，如图 3.8 所示。

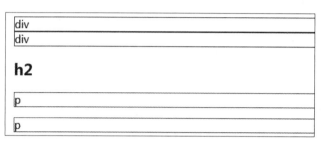

图 3.8　nextAll()方法和 prevAll ()方法查找元素

下面是带有筛选条件的查找示例。

```
1   <body>
2       <h2>h2</h2>
3       <div>div</div>
4       <p>p</p>
5       <div>div</div>
6       <p>p</p>
7       <script>
8       $('h2').nextAll('div').css('border','1px red solid');
9       </script>
10  </body>
```

在以上代码的运行结果中，两个 div 标签都添加了红色的边框，而两个 p 标签则没有添加红色边框，因为 p 标签不满足筛选条件，如图 3.9 所示。

图 3.9　nextAll(selector)方法查找元素

- siblings(selector)

在 jQuery 中，siblings() 方法获得匹配集合中某个元素的所有兄弟元素。如果提供选择器，则取回匹配该选择器的所有兄弟元素。兄弟节点查找的示例代码如下所示。

```
1   <body>
2       <div>div</div>
3       <p>p</p>
```

```
4          <h2>h2</h2>
5          <div>div</div>
6          <p>p</p>
7          <script>
8          $('h2').siblings().css('border','1px red solid');
9           $('h2').siblings('div').css('background','yellow');
10          </script>
11      </body>
```

在以上代码的运行结果中，所有兄弟节点都添加了红色的边框，div标签添加了黄色的背景，而p标签则没有背景色，因为不满足筛选条件，如图3.10所示。

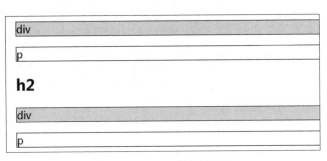

图3.10　siblings()方法查找元素

下面是一个利用siblings()方法实现单击切换按钮样式的示例，代码如下所示。

```
1   <body>
2       <button>按钮一</button>
3       <button>按钮二</button>
4       <button>按钮三</button>
5       <script>
6       $('button').click(function(){
7           $(this).css('background','red').siblings().css('background','');
8       })
9       </script>
10  </body>
```

运行以上代码，可以发现单击按钮后，该按钮背景颜色变为红色，先前单击过的按钮恢复原状，如图3.11所示。

图3.11　siblings()实现切换按钮样式

3.2　操作DOM元素

操作DOM元素

网页中经常需要添加新的节点，或是删除旧的节点，或克隆一个已有节点，jQuery提供了大量针对复杂DOM操作的方法，这些方法非常实用，大大提升了开发的效率并省去大量冗余的代码。

3.2.1　创建节点

在原生 JavaScript 中创建一个节点是比较麻烦的，需要通过 document.createElement()方法来实现。而在 jQuery 中创建一个节点是非常方便的，采用$()方法实现，代码如下所示。

```
1  <script>
2      $('<li>')        // 创建 li 标签
3      $('<div>')       // 创建 div 标签
4  </script>
```

这里要注意，$()中添加 li 的时候需要带上左右尖括号，这表示创建 li 节点，若不带左右尖括号则表示选择 li 节点。

jQuery 中除了可以快速创建一个标签外，还可以快速创建标签里的内容，演示代码如下所示。

```
1  <script>
2      var li = $('<li>列表项</li>');
3      var div = $('<div>块容器</div>');
4  </script>
```

可见，创建标签以及标签内容都是非常灵活的。注意，创建出来的新元素为 jQuery 对象，并不是原生的 DOM 对象。

3.2.2　添加节点

创建的节点暂时存储在 JavaScript 内存中，如果想把创建的节点添加到页面中，需要通过添加节点的方法来实现。在 jQuery 中添加节点的操作方式较多，下面一一进行讲解。

- append()和 appendTo()

这两个方法都是把新节点添加到指定节点内部的末尾位置，语法分别为：

```
指定节点.append(新节点)
新节点.appendTo(指定节点)
```

在代码中的具体应用如下所示。

```
1  <body>
2      <ul id="list">
3          <li>已有列表项</li>
4      </ul>
5      <script>
6      var li_1 = $('<li>列表项一</li>');
7      var li_2 = $('<li>列表项二</li>');
8      $('#list').append( li_1 );
9      li_2.appendTo('#list');
10     </script>
11 </body>
```

以上代码的运行结果如图 3.12 所示。

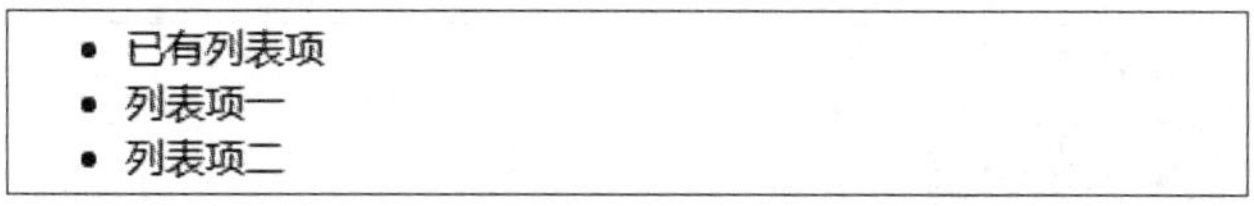

- 已有列表项
- 列表项一
- 列表项二

图 3.12 append()方法和 appendTo()方法添加节点

两种方法都可以实现添加操作，并且显示的效果相同，那么它们之间的区别是什么呢？就是后续操作所针对的节点是不同的，演示代码如下所示。

```
1  <body>
2      <ul id="list">
3          <li>已有列表项</li>
4      </ul>
5      <script>
6      var li_1 = $('<li>列表项一</li>');
7      var li_2 = $('<li>列表项二</li>');
8      $('#list').append( li_1 ).css('border','1px red solid');
9      li_2.appendTo('#list').css('border','1px blue solid');
10     </script>
11 </body>
```

从以上代码的运行结果可以发现，红色边框添加到了 ul 标签上，而蓝色边框添加到了 li 标签上，如图 3.13 所示。

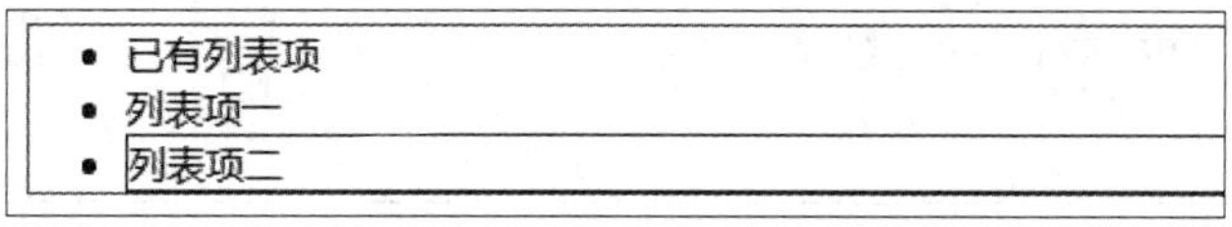

- 已有列表项
- 列表项一
- 列表项二

图 3.13 append()方法和 appendTo()方法添加样式

- prepend()和 prependTo()

这两个方法都是把新节点添加到指定节点内部的起始位置，语法分别为：

```
指定节点.prepend(新节点)
新节点.prependTo(指定节点)
```

在代码中的具体应用如下所示。

```
1  <body>
2      <ul id="list">
3          <li>已有列表项</li>
4      </ul>
5      <script>
6      var li_1 = $('<li>列表项一</li>');
7      var li_2 = $('<li>列表项二</li>');
8      $('#list').prepend( li_1 );
9      li_2.prependTo('#list');
10     </script>
11 </body>
```

以上代码的运行结果如图 3.14 所示。

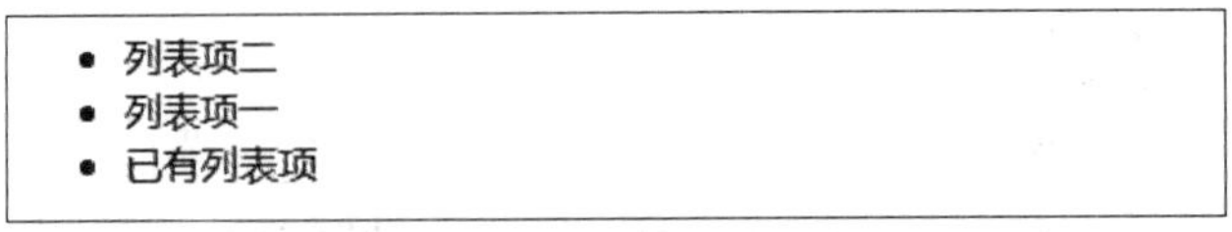

- 列表项二
- 列表项一
- 已有列表项

图 3.14　prepend()方法和 prependTo()方法添加节点

这两个方法的不同之处也是后续操作所针对的节点是不同的。

- before()和 insertBefore()

这两个方法都是把新节点添加到指定节点的前面，语法分别为：

```
指定节点.insert(新节点)
新节点. insert Before(指定节点)
```

在代码中的具体应用如下所示。

```
1  <body>
2      <div id="box_1">块容器 1</div>
3      <div id="box_2">块容器 2</div>
4      <script>
5      var p_1 = $('<p>段落一</p>');
6      var p_2 = $('<p>段落二</p>');
7      $('#box_1').before(p_1);
8      p_2.insertBefore('#box_2');
9      </script>
10  </body>
```

以上代码的运行结果如图 3.15 所示。

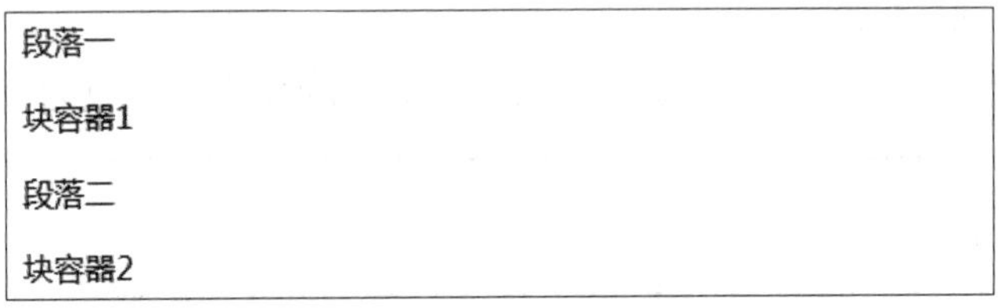

段落一

块容器1

段落二

块容器2

图 3.15　before()方法和 insertBefore()方法添加节点

这两个方法也是针对后续操作有区别，其他使用没有太大差异。

- after()和 insertAfter()

这两个方法都是把新节点添加到指定节点的后面，语法分别为：

```
指定节点.after(新节点)
新节点. insertAfter(指定节点)
```

在代码中的具体应用如下所示。

```
1  <body>
2      <div id="box_1">块容器 1</div>
```

```
3      <div id="box_2">块容器 2</div>
4      <script>
5      var p_1 = $('<p>段落一</p>');
6      var p_2 = $('<p>段落二</p>');
7      $('#box_1').after(p_1);
8      p_2.insertAfter('#box_2');
9      </script>
10  </body>
```

以上代码的运行结果如图 3.16 所示。

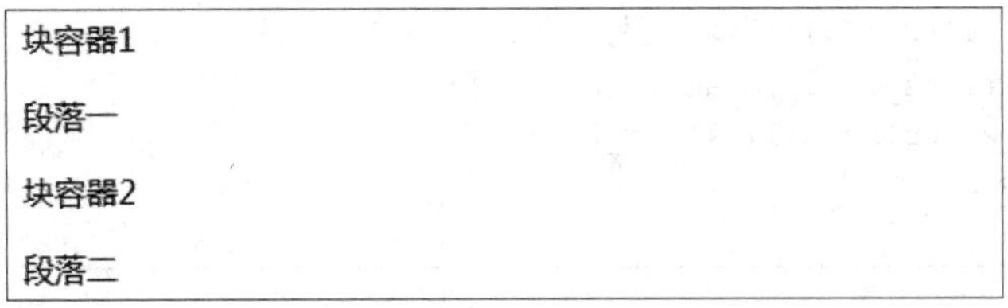

图 3.16　after()方法和 insertAfter()方法添加节点

添加节点的方法，除了用于创建节点，也可以用于操作页面中已有的节点。对已有节点进行剪切操作，代码如下所示。

```
1  <body>
2      <ul><li>已有列表项</li></ul>
3      <hr>
4      <ol></ol>
5      <script>
6          $('ol').append( $('ul').children() );
7      </script>
8  </body>
```

以上代码的运行结果如图 3.17 所示。

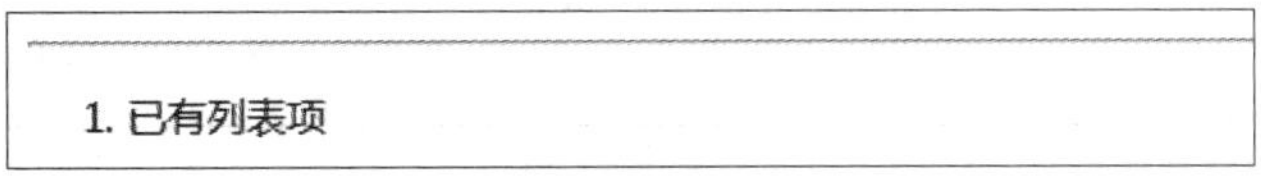

1. 已有列表项

图 3.17　对已有节点进行剪切操作

3.2.3　替换节点

有时候需要对节点进行替换操作，jQuery 提供了两种替换节点的方法。

● replaceWith()和 replaceAll()

这两个方法都是用新节点或已有节点替换掉指定节点，语法分别为：

```
指定节点.replaceWith（新节点）
新节点.replaceAll（指定节点）
```

在代码中的具体应用如下所示。

```
1   <body>
2       <ul>
3           <li id="list_1">已有列表项</li>
4       </ul>
5       <hr>
6       <ul>
7           <li id="list_2">已有列表项</li>
8       </ul>
9       <script>
10          var li_1 = $('<li>新的列表项一</li>');
11          var li_2 = $('<li>新的列表项二</li>');
12          $('#list_1').replaceWith(li_1);
13          li_2.replaceAll('#list_2');
14      </script>
15  </body>
```

以上代码的运行结果如图 3.18 所示。

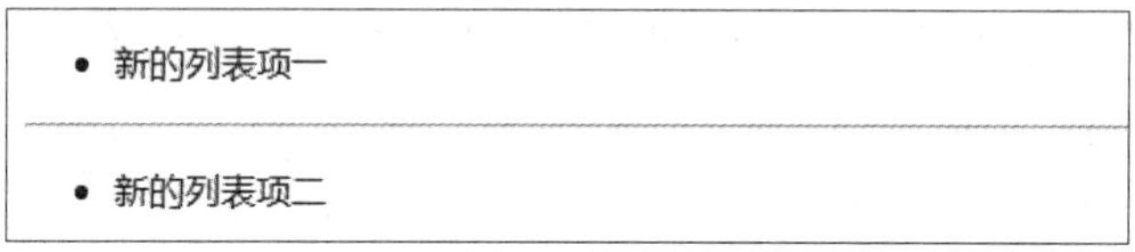

- 新的列表项一
- 新的列表项二

图 3.18　replaceWith()方法和 replaceAll()方法替换节点

3.2.4　删除节点

有时候需要对节点进行删除操作，jQuery 提供了两种删除节点的方法。

- remove()、detach()

这两个方法都是对指定节点进行删除操作，语法分别为：

```
指定节点.remove()
指定节点.detach()
```

在代码中的具体应用如下所示。

```
1   <body>
2       <div id="box">块容器</div>
3       <p id="text">段落</p>
4       <script>
5           $('#box').remove();
6           $('#text').detach();
7       </script>
8   </body>
```

运行以上代码，在网页的开发者调试页面可以发现，div 标签和 p 标签在 body 中被删除了，如图 3.19 所示。

remove()方法和 detach()方法都是删除节点的操作，区别在于将已删除节点再次添加到页面后，

detach()方法会保留节点删除前的事件行为，而 remove()方法不会保留节点删除前的事件行为。将删掉的节点重新添加，代码如下所示。

```
<html lang="en">
▶ <head>…</head>
  <body>



  </body>
</html>
```

图 3.19　remove()方法和 detach()方法删除节点

```
1   <body>
2       <div id="box">块容器</div>
3       <p id="text">段落</p>
4       <script>
5           $('#box').click(function(){
6               $(this).css('background','red');
7           });
8           $('#text').click(function(){
9               $(this).css('background','red');
10          });
11          var $box = $('#box').remove();
12          var $text = $('#text').detach();
13          $('body').append($box);
14          $('body').append($text);
15      </script>
16  </body>
```

运行以上代码可以发现，使用$('#text').detach()方法删除过的节点已经成功再次添加，且背景颜色变为红色，而使用$('#box').remove()方法删除过的节点虽然也已经添加，但是背景颜色并未变成红色，即 p 标签再次添加到页面的时候，删除前的事件被保留了下来，如图 3.20 所示。

图 3.20　remove()方法和 detach()方法的区别

jQuery 还提供了一个清除指定节点内所有内容的方法，即 empty()方法。

```
1   <body>
2       <div id="box">块容器</div>
3       <p id="text">段落</p>
4       <script>
5           $('body').empty();
6       </script>
7   </body>
```

运行以上代码，在网页的开发者调试页面可以看到，div 标签和 p 标签在 body 中被删除了，如

图 3.21 所示。

```
<html lang="en">
▶ <head>...</head>
  <body>



  </body>
</html>
```

图 3.21　empty()方法删除全部内容

3.2.5　克隆节点

对已有节点进行添加的时候，使用的是剪切操作。如果想对已有节点进行克隆，就需要用到 clone() 方法。

* clone()

这个方法用于克隆节点，语法为：

指定节点.clone()

在代码中的具体应用如下所示。

```
1  <body>
2      <div id="box">块容器</div>
3      <script>
4          var $box = $('#box').clone();
5          $('body').append( $box );
6      </script>
7  </body>
```

运行以上代码，可发现 div 节点被克隆了一份，如图 3.22 所示。

```
块容器
块容器
```

图 3.22　clone()方法克隆节点

clone()方法接收一个参数，类型为布尔值。参数为 true，表示同时克隆节点的事件行为，参数为 false 的，表示不克隆节点的事件行为，默认码数为 false。现将 clone()的参数设置为 true，应用代码如下所示。

```
1  <body>
2      <div id="box">块容器</div>
3      <script>
4          $('#box').click(function(){
5              $(this).css('background','red');
6          });
7          var $box = $('#box').clone(true);
```

```
8            $('body').append( $box );
9        </script>
10   </body>
```

运行以上代码，发现克隆的节点的背景颜色也变成了红色，如图 3.23 所示。

图 3.23　clone()方法克隆节点的事件行为

3.3　DOM 高级方法

DOM 高级方法

前面讲解了 jQuery 操作 DOM 和查找 DOM 的基础功能,本节将讲解一些 DOM 相关的高级方法，这些方法在特定的场景下非常有用，可针对不同的需求快速完成功能实现。

3.3.1　closest()方法

在 jQuery 中，closest()方法从当前元素开始沿 DOM 树向上查找，获得匹配选择器的第一个祖先元素，语法为：

指定节点.closest(满足条件的祖先节点)

具体代码如下所示。

```
1    <body>
2        <ul>
3            <li>
4                <ul>
5                    <li id="list">列表项</li>
6                </ul>
7            </li>
8        </ul>
9        <script>
10       $('#list').closest('ul').css('border','1px red solid');
11       </script>
12   </body>
```

以上代码的运行结果如图 3.24 所示。

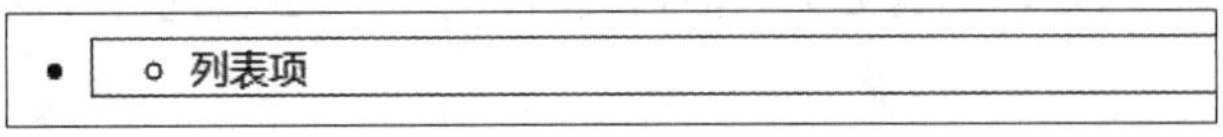

图 3.24　closest()方法查找节点

从图 3.24 中可知，closest()方法跟 parents()方法的区别是，closest()方法只会返回第一个满足条件的节点，而 parents()方法会返回多个满足条件的节点。

closest()方法在特定的情况下，要比 parent()方法灵活得多。下面是一个具体示例，找到按钮所对应的列表项，并对其进行样式操作，先看 parent()方法的代码实现。

```
1   <body>
2       <ul>
3           <li><div>第一项：<button>单击</button></div></li>
4           <li><div>第二项：<button>单击</button></div></li>
5       </ul>
6       <script>
7       $('button').click(function(){
8           $(this).parent().parent().css('border','1px red solid');
9       });
10      </script>
11  </body>
```

以上代码的运行结果如图 3.25 所示。

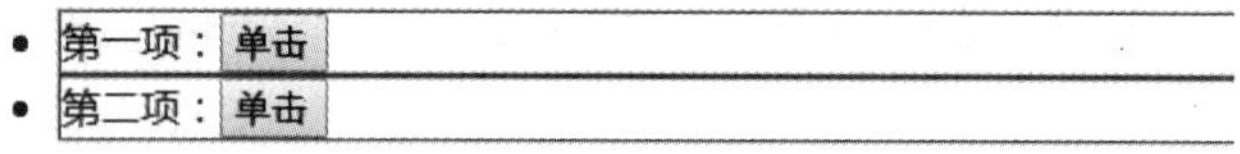

图 3.25　parent()方法查找指定节点

接下来演示 closest()方法的代码实现。

```
1   <body>
2       <ul>
3           <li><div>第一项：<button>单击</button></div></li>
4           <li><div>第二项：<button>单击</button></div></li>
5       </ul>
6       <script>
7       $('button').click(function(){
8           $(this).closest('li').css('border','1px red solid');
9       });
10      </script>
11  </body>
```

以上代码的运行结果如图 3.26 所示。

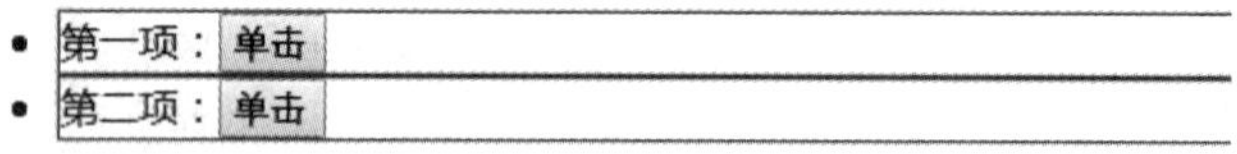

图 3.26　closest()方法查找指定节点

可以看到，closest()方法处理问题更加简洁与灵活，不用一层层进行查找，只需要指定最近的满足条件的节点即可。

3.3.2　包裹方法

有时候需要对指定的节点进行包裹操作，即在标签的外面添加一个父标签。

- wrap()

wrap()方法将所选元素用某个标签包裹起来，语法为：

指定节点.wrap(包裹节点)

具体代码如下所示。

```
1  <body>
2      <span>文本一</span>
3      <span>文本二</span>
4      <span>文本三</span>
5      <script>
6      $('span').wrap('<div>');
7      </script>
8  </body>
```

运行以上代码，在网页的开发者调试页面可以看到，每个 span 标签都包裹了一个 div 标签，如图 3.27 所示。

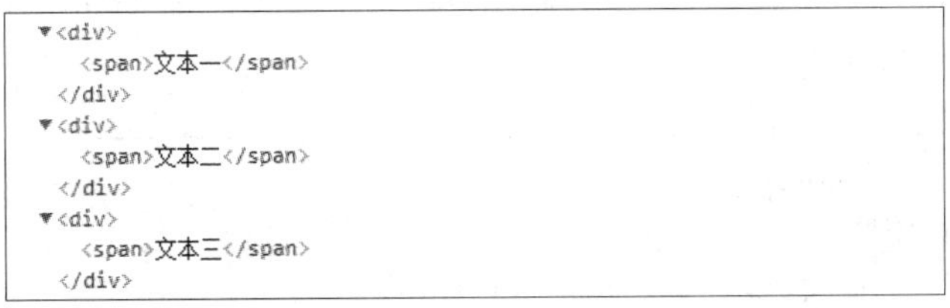

图 3.27　wrap()方法包裹节点

● wrapAll()

wrapAll()方法会将所有匹配的元素用某个标签包裹起来，语法为：

指定节点.wrapAll(包裹节点)

具体代码如下所示。

```
1  <body>
2      <span>文本一</span>
3      <span>文本二</span>
4      <span>文本三</span>
5      <script>
6      $('span').wrapAll('<div>');
7      </script>
8  </body>
```

运行以上代码，在网页的开发者调试页面可以看到，所有 span 标签被一个 div 标签包裹起来了，如图 3.28 所示。

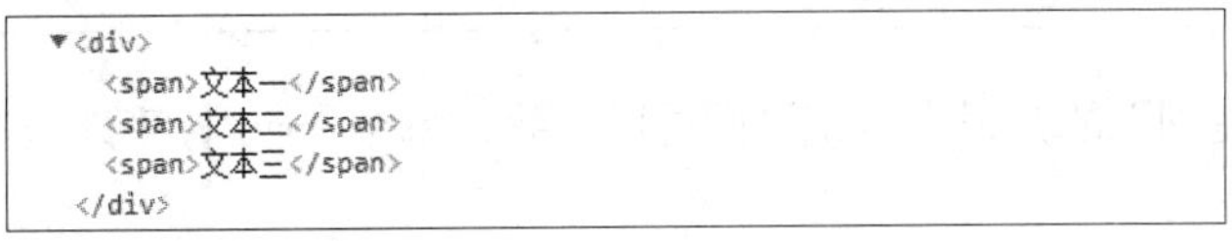

图 3.28　wrapAll()方法包裹节点

- wrapInner()

wrapInner()方法将所选元素的所有内部元素用某个标签包裹起来，语法为：

```
指定节点.wrapInner(包裹节点)
```

具体代码如下所示。

```
1  <body>
2      <span>文本一</span>
3      <span>文本二</span>
4      <span>文本三</span>
5      <script>
6      $('span').wrapInner('<em>');
7      </script>
8  </body>
```

运行以上代码，在网页的开发者调试页面可以看到，每个 span 标签的内部元素都被一个 em 标签包裹起来了，如图 3.29 所示。

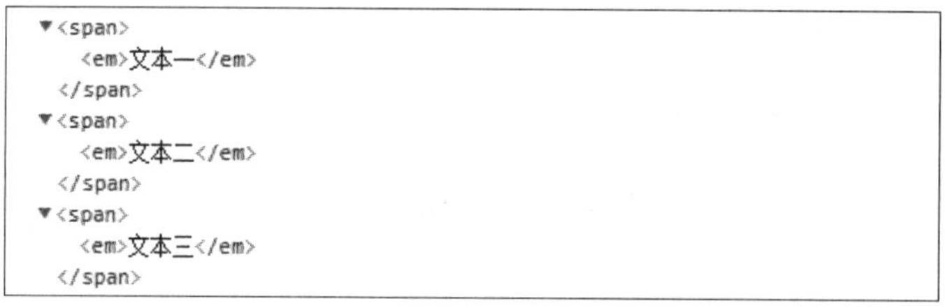

```
▼<span>
    <em>文本一</em>
  </span>
▼<span>
    <em>文本二</em>
  </span>
▼<span>
    <em>文本三</em>
  </span>
```

图 3.29　wrapInner()方法包裹节点

- unwrap()

unwrap ()方法删除包裹节点，即删除父节点，但是删除的包裹节点不包含 body 元素，语法为：

```
指定节点.unwrap()
```

具体代码如下所示。

```
1  <body>
2      <div><span>文本一</span></div>
3      <div><span>文本二</span></div>
4      <div><span>文本三</span></div>
5      <script>
6      $('span').unwrap();
7      </script>
8  </body>
```

运行以上代码，在网页的开发者调试页面可以看到，每个 span 标签外包裹的 div 标签被删除掉了，如图 3.30 所示。

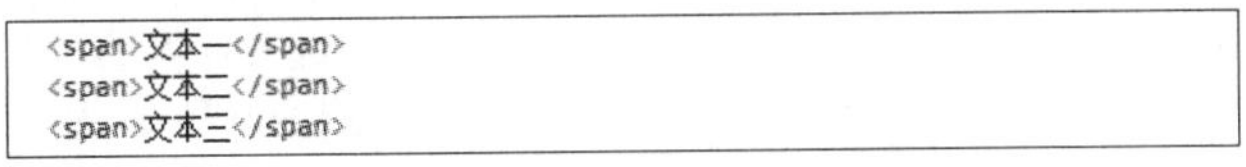

```
<span>文本一</span>
<span>文本二</span>
<span>文本三</span>
```

图 3.30 unwrap()方法删除包裹节点

3.3.3 截取范围方法

有时候需要对指定的节点进行截取操作，即取得整个节点集合中的某一部分节点。

- slice()

slice()方法把匹配元素集合缩减为指定范围的子集，语法为：

```
指定节点.slice(起始节点，结束位置)
```

具体代码如下所示。

```
1  <body>
2      <ul>
3          <li>列表项一</li>
4          <li>列表项二</li>
5          <li>列表项三</li>
6          <li>列表项四</li>
7      </ul>
8      <script>
9      $('li').slice(1,3).css('background','red');
10     </script>
11 </body>
```

运行以上代码，可以看到，列表项集合中的第二项和第三项被添加上了样式，如图 3.31 所示。

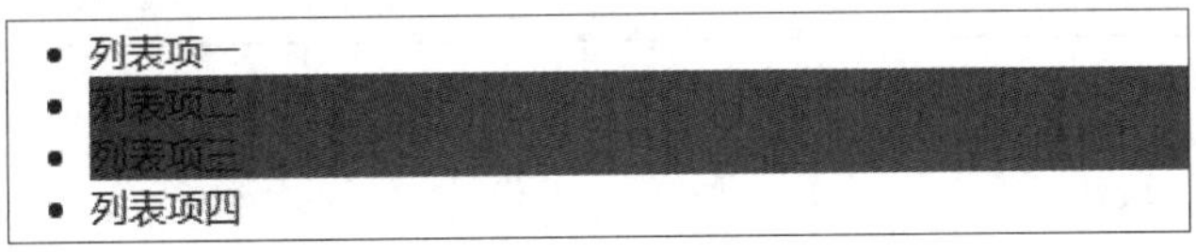

图 3.31 slice()方法截取节点

注意：截取的节点不包含结束位置。

- nextUntil()

nextUntil()方法获得某个元素后面的所有兄弟元素，当有第一个参数时，遇到该参数所匹配的元素时会停止搜索，当有第二个参数时，则筛选由该参数指定的节点，语法为：

```
指定节点.nextUntil(截止元素，筛选条件)
```

具体代码如下所示。

```
1  <body>
2      <div>块容器</div>
3      <p>段落一</p>
4      <li>列表一</li>
```

65

```
5      <h2>标题</h2>
6      <p>段落三</p>
7      <script>
8          $('div').nextUntil('h2').css('background','red');
9          $('div').nextUntil('h2','p').css('color','white');
10     </script>
11  </body>
```

运行以上代码，可以看到，nextUntil('h2')表示截取到 h2 为止， nextUntil('h2','p')表示截取到 h2 为止并且选择标签为 p 的节点，如图 3.32 所示。

图 3.32 nextUntil()方法截取节点

- prevUntil()

prevUntil()方法获得某个元素前面的所有兄弟元素，使用方式跟 nextUntil()类似，只是截取的方向不同，语法为：

指定节点.prevUntil(截止元素，筛选条件)

具体代码如下所示。

```
1   <body>
2       <div>块容器</div>
3       <p>段落一</p>
4       <li>列表一</li>
5       <h2>标题</h2>
6       <p>段落三</p>
7       <script>
8           $('h2').prevUntil('div').css('background','red');
9           $('h2').prevUntil('div','p').css('color','white');
10      </script>
11  </body>
```

运行以上代码，可以看到，prevUntil('h2')表示截取到 h2 为止，prevUntil('h2', 'p')表示截取到 h2 为止并且选择标签为 p 的节点，运行效果与图 3.32 相同。

- parentsUntil()

parentsUntil()方法获得某个元素的所有祖先元素，跟 parents()的区别在于截取到指定的位置，语法为：

指定节点.parentsUntil(截止元素，筛选条件)

具体代码如下所示。

```
1   <body>
2       <ul>
3           <li>
4               列表<div><button>按钮</button></div>
5           </li>
6       </ul>
7       <script>
8           $('button').parentsUntil('ul').css('border','1px red solid');
9       </script>
10  </body>
```

运行以上代码可以看到，div 标签和 li 标签被添加上了红色的边框，如图 3.33 所示。

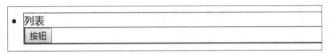

图 3.33　parentsUntil()方法截取节点

3.4　本章小结

通过本章的学习，读者能够了解 jQuery 是如何操作 DOM 的，包括如何查找 DOM 元素、如何操作 DOM 元素和如何使用 DOM 的一些高级方法。DOM 是网页开发的核心部分，jQuery 操作 DOM 的能力大大提升了网页开发的速度，并解决了 DOM 在不同浏览器中的差异问题。

3.5　习题

1. 填空题

（1）在 jQuery 中，_____方法获得匹配元素集合中某个元素紧邻的兄弟元素。如果提供选择器，则取回匹配该选择器的下一个兄弟元素。

（2）_____方法获得匹配元素集合中某个元素紧邻的前一个兄弟元素。如果提供选择器，则取回匹配该选择器的前一个兄弟元素。

（3）在 jQuery 中，_____方法获得当前匹配元素集合中每个元素的父元素，selector 作为可选参数，值为字符串，表示包含匹配元素的选择器表达式。

（4）在 jQuery 中，_____方法获得有定位的最近祖先元素。

（5）在 jQuery 中，_____方法返回被选元素的所有直接子节点。

2. 选择题

（1）下列关于查找 DOM 元素的说法中，错误的是（　　　）。

　　A. 在 jQuery 中，children() 方法返回被选元素的所有直接子节点。selector 作为可选参数，

值为字符串，表示包含匹配元素的选择器表达式

    B. 在 jQuery 中，parent() 方法获得当前匹配元素集合中每个元素的祖先元素

    C. 在 jQuery 中，next() 方法获得匹配元素集合中某个元素紧邻的兄弟元素。如果提供选择器，则取回匹配该选择器的下一个兄弟元素

    D. prev() 方法获得匹配元素集合中某个元素紧邻的前一个兄弟元素。如果提供选择器，则取回匹配该选择器的前一个兄弟元素

（2）下列关于操作 DOM 元素的说法中，错误的是（　　　　）。

    A. 在 jQuery 中向 "$()" 中添加 li 元素，表示创建了一个 li 元素节点

    B. 在原生 JavaScript 中创建一个节点是比较麻烦的，需要通过 document.createElement()方法来实现

    C. append()和 appendTo()这两个方法都是把新节点添加到指定节点内部的末尾位置

    D. replaceWith()和 replaceAll()这两个方法都是用新节点或已有节点替换掉指定节点

（3）下列选项中，说法正确的是（　　　　）。

    A. unwrap ()方法表示删除包裹节点，即删除父节点，删除的包裹节点中包含 body 元素

    B. remove()方法和 detach()方法都是删除节点的操作，二者用法上没有区别

    C. closest()方法跟 parents()方法的区别是，closest()方法只会返回第一个满足条件的节点，而 parents()方法会返回多个满足条件的节点

    D. clone()方法接收一个参数，类型为布尔值。参数为 true，表示同时克隆节点的事件行为，参数为 false，表示不克隆节点的事件行为，默认参数为 true

（4）用于获得匹配选择器的第一个祖先元素的方法是（　　　　）。

    A. wrap()

    B. closest()

    C. slice()

    D. nextUntil()

（5）下列选项中，说法正确的是（　　　　）。

    A. remove()方法和 detach()方法都是删除节点的操作，区别在于 detach()方法删除的节点可以再次添加，而 remove()方法删除的节点不能再次添加

    B. parent()方法和 parents()方法都用于查找父节点，二者在使用上没有任何区别，可以任选其一

    C. slice()方法把匹配元素集合缩减为指定范围的子集，截取的节点包含结束位置

    D. clone()方法接收一个参数，类型为布尔值。参数为 true，表示同时克隆节点的事件行为，参数为 false，表示不克隆节点的事件行为，默认参数为 false

3. 思考题

在原生 JavaScript 中创建一个节点需要通过 document.createElement()方法来实现。而在 jQuery 中是怎样创建一个节点的？

4. 编程题

在以下的示例代码中，删除 li 标签节点。在 p 标签中的文本最后加入文字"追加文本"，并把 p

元素用 div 标签包裹起来，设置 div 背景颜色为红色。

```
1  <body>
2          <ul>
3              <li>DOM 操作</li>
4          </ul>
5          <p>这是一个段落</p>
6      </body>
```

第 4 章　jQuery 常用方法

本章学习目标

- 了解 jQuery 中常用方法的使用
- 掌握 jQuery 中对 HTML 属性的操作方法
- 掌握 jQuery 中对元素尺寸的操作方法

在网页开发过程中，经常需要改变某些元素的 class 属性，获取某些元素的文本内容，或是计算元素在网页中所占据的空间大小等。利用 jQuery 库去实现这些操作更加简便快捷。虽然方法简单，但是使用频繁，所以需要大家重点掌握。本章将带领大家学习 jQuery 的常用方法和高级技巧。

4.1　class 属性操作

class 属性操作

HTML 标签的 class 属性是给元素添加样式的，在前端开发中非常重要。下面分别介绍如何在 jQuery 中对 class 类名进行添加、删除、切换和判断其是否存在。

4.1.1　addClass()方法

addClass()方法向被选元素添加一个或多个类名，当需要添加多个类名时，以空格隔开即可，语法为：

```
指定节点.addClass('类名')
指定节点.addClass('类名 1 类名 2 类名 3')
```

具体代码如下所示。

```
1    <body>
2        <div>这是一个块</div>
3        <p>这是一个段落</p>
4        <script>
```

```
5        $('div').addClass('box');
6        $('p').addClass('text1 text2 text3');
7        </script>
8    </body>
```

运行以上代码，在网页的开发者调试页面可以看到，div 标签中添加了 class 属性值 box，p 标签中添加了 3 个 class 属性值，分别是 text1、text2、text3，运行结果如图 4.1 所示。

```
▼<body>
    <div class="box">这是一个块</div>
    <p class="text1 text2 text3">这是一个段落</p>
```

图 4.1　addClass()方法添加类名

当元素已经拥有相应的 class 类名时，添加的时候就会跳过已存在的类名，这样可以避免重复添加。

```
1    <body>
2        <p class="text2">这是一个段落</p>
3        <script>
4        $('p').addClass('text1 text2 text3');
5        </script>
6    </body>
```

运行以上代码，在网页的开发者调试页面可以看到，因为 text2 类名已存在，添加的时候自动过滤掉 text2 类名，所以最终的渲染顺序为 text2 text1 text3，如图 4.2 所示。

```
▼<body>
    <p class="text2 text1 text3">这是一个段落</p>
```

图 4.2　addClass()方法过滤已有类名

addClass()方法的参数除了可以设置为字符串，还可以设置为回调函数，这样可以实现更加特殊的需求。回调函数的第一个参数为索引值，第二个参数为已有 class 类名，语法为：

```
指定节点.addClass(function(索引, 已有类名)
{
    return 新添加的类名;
});
```

具体代码如下所示。

```
1    <body>
2        <ul>
3            <li class="list"></li>
4            <li class="list"></li>
5            <li class="list"></li>
6        </ul>
7        <script>
8        $('li').addClass(function(index,val) {
9            return val + index;
10       });
```

```
11      </script>
12  </body>
```

运行以上代码，在网页的开发者调试页面可以看到，利用回调函数给每个列表项添加了不同的 class 类名，如图 4.3 所示。

```
▼<body>
  ▼<ul>
      <li class="list list0"></li>
      <li class="list list1"></li>
      <li class="list list2"></li>
    </ul>
```

图 4.3 addClass()方法回调函数方式

4.1.2 removeClass()方法

removeClass()方法删除被选元素的一个或多个类名。当需要删除多个类名时，以空格隔开即可，语法为：

```
指定节点.removeClass('类名')
指定节点.removeClass('类名1 类名2 类名3')
```

具体代码如下所示。

```
1  <body>
2      <div class="box">这是一个块</div>
3      <p class="text1 text2">这是一个段落</p>
4      <script>
5      $('div').removeClass('box');
6      $('p').removeClass('text1 text2');
7      </script>
8  </body>
```

运行以上代码，在网页的开发者调试页面可以看到 div 标签和 p 标签自带的 class 类名被删除掉了，只剩下 class 属性，如图 4.4 所示。

```
▼<body>
    <div class>这是一个块</div>
    <p class>这是一个段落</p>
```

图 4.4 removeClass()方法删除类名

当要删除的类名在指定的元素上不存在时，元素不会有任何变化，这样可以避免出错，代码如下所示。

```
1  <body>
2      <p class="text1 text2">这是一个段落</p>
3      <script>
4      $('p').removeClass('text1 text3');
5      </script>
```

```
6  </body>
```

运行以上代码，在网页的开发者调试页面可以看到，删除 text1 和 text3 的时候，text1 类名被成功删除，而 text3 根本不存在，这并不影响程序的执行，如图 4.5 所示。

```
▼<body>
    <p class="text2">这是一个段落</p>
```

图 4.5　removeClass()删除不存在类名

同理，removeClass()方法也可以添加回调函数，参数也是相同的，语法为：

```
指定节点.removeClass(function(索引, 已有类名) {
    return 删除类名;
});
```

具体代码如下所示。

```
1  <body>
2      <ul>
3          <li class="list0"></li>
4          <li class="list1"></li>
5          <li class="list2"></li>
6      </ul>
7      <script>
8      $('li').removeClass(function(index,val){
9              return 'list'+index;
10     });
11     </script>
12 </body>
```

运行以上代码，在网页的开发者调试页面可以看到，列表中不同的 class 类名被同时删除掉了，如图 4.6 所示。

```
▼<body>
  ▼<ul>
      <li class></li>
      <li class></li>
      <li class></li>
  </ul>
```

图 4.6　removeClass()方法回调函数方式

4.1.3　toggleClass()方法

toggleClass()方法对被选元素进行添加类名和删除类名的切换操作。有时候我们需要切换一个元素的状态，这时非常适合使用 toggleClass()方法，语法为：

```
指定节点.toggleClass('类名')
```

具体代码如下所示。

```
1   <style>
2   .hide{ display: none; }
3   </style>
4   <body>
5       <button>单击切换</button>
6       <div>这是一个块</div>
7       <script>
8       $('button').click(function(){
9               $('div').toggleClass('hide');
10      });
11      </script>
12  </body>
```

运行以上代码，可以看到当 div 元素显示时，单击按钮会添加 hide 类名，即隐藏 div 元素，反过来当 div 元素隐藏时，单击按钮会删除 hide 类名，即显示 div 元素，如图 4.7 所示。

图 4.7　toggleClass()方法切换操作

同理，toggleClass()方法也可以添加回调函数，参数也是相同的，语法为：

```
指定节点.toggleClass(function(索引,已有类名){
    return 切换的类名;
});
```

具体代码如下所示。

```
1   <style>
2   .hide{ display: none; }
3   </style>
4   <body>
5       <button>单击切换</button>
6       <div>这是一个块</div>
7       <script>
8       $('button').click(function(){
9           $('div').toggleClass(function(index,val){
10              return 'hide';
11          });
12      });
13  </body>
```

以上代码运行结果与图 4.7 相同。

toggleClass()方法还可以设置一个可选参数，当参数为 true 时，只进行添加类名操作，当参数为 false 时，只进行删除类名操作，语法为：

指定节点.toggleClass('类名',布尔值)

具体代码如下所示。

```
1  <style>
2  .hide{ display: none; }
3  </style>
4  <body>
5      <button>单击切换</button>
6      <div>这是一个块</div>
7      <script>
8      $('button').click(function(){
9          $('div').toggleClass('hide',true);
10     });
11     </script>
12  </body>
```

运行以上代码，在网页的开发者调试页面可以看到，无论怎么单击，都是添加 hide 类名，因为只进行添加类名操作，如图 4.8 所示。

```
▼<body>
    <div class="hide">这是一个块</div>
```

图 4.8 toggleClass()方法设置第二个参数

4.1.4 hasClass()方法

hasClass()方法检查被选元素是否包含指定的类名，如果被选元素包含指定的类名，该方法返回 true，如果不包含指定的类名，则该方法返回 false，语法为：

指定节点.hasClass('类名')

具体代码如下所示。

```
1  <body>
2      <div class="box">这是一个块</div>
3      <script>
4      console.log( $('div').hasClass('box') );   // true
5      </script>
6  </body>
```

4.2 HTML 属性操作

HTML 属性操作

在 HTML 标签中，除了可以设置 class 属性外，还可以设置其他属性，如 id、title、name、value 等属性。这些属性的属性值都可以通过统一的方法来获取或设置。

4.2.1　attr()方法

attr()方法用于返回或设置被选元素的属性值，通过参数个数来实现取值与赋值的操作，语法为：

```
指定节点.attr(属性,[属性值])
```

先来看取值操作，具体代码如下所示。

```
1  <body>
2      <div id="elem" title="这是一个标题">这是一个块</div>
3      <script>
4      console.log( $('div').attr('title') );    // 这是一个标题
5      console.log( $('div').attr('id') );       // elem
6      </script>
7  </body>
```

再来看 attr()方法的赋值操作，具体代码如下所示。

```
1  <body>
2      <div id="elem" title="这是一个标题">这是一个块</div>
3      <script>
4      $('div').attr('title','一个新的标题');
5      $('div').attr('id','element');
6      </script>
7  </body>
```

运行以上代码，在网页的开发者调试页面可以看到结果如图 4.9 所示。

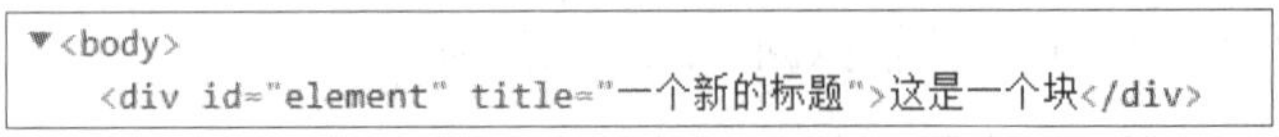

```
▼<body>
    <div id="element" title="一个新的标题">这是一个块</div>
```

图 4.9　attr()方法设置属性值

上面的写法可以简化成链式的写法，即$('div').attr('title','一个新的标题') .attr('id','element');。当然还有一种更加简单的写法，即参数为对象的形式，具体代码如下。

```
1  <body>
2      <div id="elem" title="这是一个标题">这是一个块</div>
3      <script>
4      $('div').attr({ title : '一个新的标题' , id : 'element' });
5      </script>
6  </body>
```

以上代码运行结果与图 4.9 相同，这种方式在设置多个属性值时非常有用。

4.2.2　prop()方法

prop()方法用于返回或设置被选元素的属性值，通过参数个数来实现取值与赋值的操作，语法为：

```
指定节点.prop(属性，[属性值])
```

取值操作具体代码如下所示。

```
1  <body>
2      <div id="elem" title="这是一个标题">这是一个块</div>
3      <script>
4      console.log( $('div').prop('title') );          // 这是一个标题
5      console.log( $('div').prop('id') );             // elem
6      </script>
7  </body>
```

接下来演示 prop()方法的赋值操作，具体代码如下所示。

```
1  <body>
2      <div id="elem" title="这是一个标题">这是一个块</div>
3      <script>
4      $('div').prop('title','一个新的标题');
5      $('div').prop('id','element');
6      </script>
7  </body>
```

以上代码运行结果与图 4.9 相同，可见 attr()方法和 prop()方法非常相似，那么它们之间的区别是什么呢？想要了解它们之间的区别，就要了解它们内部的实现原理。

attr()方法是通过原生 JavaScript 的 attribute()方法实现的，而 prop()方法是通过连接符即点号来实现的。

在原生 JavaScript 中，它们对 HTML 元素自带的属性的操作效果都是相同的，但是操作自定义属性时就有区别了。attr()方法可以设置和获取自定义属性，而 prop()方法只能在 JavaScript 内存中设置和获取。

```
1  <body>
2      <div qianfeng="千锋教育">这是一个块</div>
3      <script>
4      console.log($('div').attr('qianfeng'));    // 千锋教育
5      console.log($('div').prop('qianfeng'));    // undefined
6      $('div').attr('qianfeng','HTML5 培训');
7      $('div').prop('qianfeng','jQuery 教材');
8      </script>
9  </body>
```

运行以上代码，在网页的开发者调试页面可以看到，attr()对自定义属性更加友好，如图 4.10 所示。而 prop()方法也是非常有用的，在实现一些需求时必须使用 prop()而不是 attr()。

```
▼<body>
    <div qianfeng="HTML5培训">这是一个块</div>
```

图 4.10　attr()和 prop()之间的区别

接下来举个例子，对复选框切换状态，具体代码如下。

```
1  <body>
2      <button>切换</button>
3      <input type="checkbox">
4      <script>
5      $('button').click(function(){
6          if( $('input').prop('checked') == true ){
7              $('input').prop('checked',false);
8          }
9          else{
10             $('input').prop('checked',true);
11         }
12     });
13     </script>
14 </body>
```

4.2.3 data()方法

data()方法其实跟属性没有太大关系。它是向被选元素附加数据，或者从被选元素获取数据。

这里把 data()方法跟 attr()和 prop()方法放到一起讲，只是因为它们都可以做类似的操作。data()方法同样不能操作自定义属性，这一点跟 prop()方法类似，语法为：

```
指定节点.data(数据属性,[数据值])
```

具体代码如下所示。

```
1  <body>
2      <div>这是一个块</div>
3      <script>
4      $('div').prop('username','xiaoqian');
5      console.log( $('div').prop('username') );   // xiaoqian
6      $('div').data('gender','female');
7      console.log( $('div').data('gender') );     // female
8      </script>
9  </body>
```

这两个方法之间的区别在于，prop()方法是把属性挂载到了元素上，而 data()方法是把属性挂载到了一个 JavaScript 缓存对象上。data()方法更适合挂载大量的数据，不会存在内存泄漏的问题。

4.3 元素尺寸大小

元素尺寸大小

在 jQuery 中，想要获取或者设置某一个元素的宽度和高度，可以使用 css()方法来实现。但是 jQuery 提供了更多便捷的方法，可以更加灵活地操作元素的宽度和高度。

要想更好地使用这些方法，需要对 CSS 中的盒子模型有一定的了解。盒子模型表示元素所占区域的容器大小，它由 content（内容）、padding（内填充）、border（边框）、margin（外填充）这四部分组成，如图 4.11 所示。

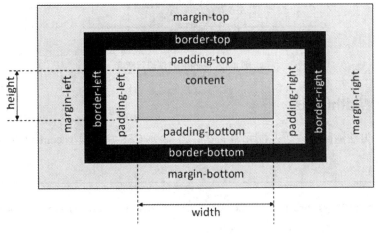

图 4.11　CSS 标准盒子模型

元素尺寸一般都是由宽度（width）和高度（height）来表示，所以 width()和 height()是一套配对的方法。下面介绍的三种方法都是针对 width 的，height 同理，不再赘述。

4.3.1　width()方法

width() 方法返回或设置匹配元素的宽度，它表示 CSS 盒子模型 content 部分。演示代码如下所示。

```
1  <style>
2  div{ width:100px; height:100px; border:1px black solid; padding:20px;}
3  </style>
4  <body>
5      <div>这是一个块</div>
6      <script>
7      console.log( $('div').width() );   // 100
8      </script>
9  </body>
```

以上为获取宽度的操作，接下来演示设置宽度的操作，代码如下所示。

```
1  <style>
2  div{ width:100px; height:100px; border:1px black solid; padding:20px;}
3  </style>
4  <body>
5      <div>这是一个块</div>
6      <script>
7      $('div').width(150);
8      </script>
9  </body>
```

运行以上代码，可以看到 content 部分的宽度已经被设置为 150 像素，如图 4.12 所示。

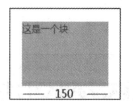

图 4.12　width()方法设置宽度

4.3.2　innerWidth()方法

innerWidth()方法返回或设置匹配元素的宽度，它表示 CSS 盒子模型 content 部分 + padding 部分，演示代码如下所示。

```
1  <style>
2  div{ width:100px; height:100px; border:1px black solid; padding:20px;}
3  </style>
4  <body>
5      <div>这是一个块</div>
6      <script>
7      console.log( $('div').innerWidth() );    // 140
8      </script>
9  </body>
```

以上为获取宽度的操作，接下来演示设置宽度的操作，代码如下所示。

```
1  <style>
2  div{ width:100px; height:100px; border:1px black solid; padding:20px;}
3  </style>
4  <body>
5      <div>这是一个块</div>
6      <script>
7      $('div').innerWidth(150);
8      </script>
9  </body>
```

运行以上代码，可以看到，innerWidth()方法设置的 150 像素包含左右 padding 各 20 像素，所以 content 部分的宽度为 110 像素，如图 4.13 所示。

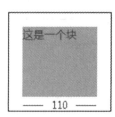

图 4.13　innerWidth()方法设置宽度

4.3.3　outerWidth()方法

outerWidth() 方法返回或设置匹配元素的宽度，它表示 CSS 盒子模型 content 部分 + padding 部

分 + border 部分，演示代码如下所示。

```
1  <style>
2  div{ width:100px; height:100px; border:1px black solid; padding:20px;}
3  </style>
4  <body>
5      <div>这是一个块</div>
6      <script>
7      console.log( $('div').outerWidth() );    // 142
8      </script>
9  </body>
```

以上为获取宽度的操作，下面演示设置宽度的操作，代码如下所示。

```
1  <style>
2  div{ width:100px; height:100px; border:1px black solid; padding:20px;}
3  </style>
4  <body>
5      <div>这是一个块</div>
6      <script>
7      $('div').outerWidth(150);
8      </script>
9  </body>
```

运行以上代码，可以看到，outerWidth()方法设置的 150 像素包含左右 padding 各 20 像素和左右 border 各 1 像素，所以 content 部分的宽度为 108 像素，如图 4.14 所示。

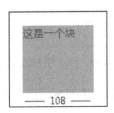

图 4.14　outerWidth()方法设置宽度

outerWidth()方法还可以设置一个可选参数，类型为布尔值，当参数值为 true 时，即 outerWidth(true)，会获取元素的 margin 部分，演示代码如下所示。

```
1  <style>
2  div{ width:100px; height:100px; border:1px black solid; padding:20px; margin:10px;}
3  </style>
4  <body>
5      <div>这是一个块</div>
6      <script>
7      console.log( $('div').outerWidth(true) );
8      </script>
9  </body>
```

运行以上代码，返回值为 162。

其他常用方法

4.4　其他常用方法

前面我们接触过一些常用方法，如 css()、html()等。本节将带大家详细地了解并掌握一些其他常用方法。

4.4.1　css()方法

css()方法返回或设置被选元素的一个或多个样式属性，根据参数的个数来决定取值还是赋值，语法为：

```
指定节点.css(样式属性,[样式值])
```

具体代码如下所示。

```
1  <body>
2      <p style="color:red">这是一个段落</p>
3      <script>
4      console.log( $('p').css('color') );      // red
5      $('p').css('color','blue');
6      </script>
7  </body>
```

以上代码的运行结果如图 4.15 所示。

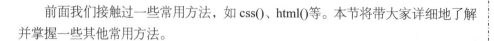
这是一个段落

图 4.15　css()方法设置样式

如需设置多个 CSS 属性，参数可以设置为对象类型，语法为：

```
指定节点.({属性 1:值 1,属性 2:值 2})
```

具体代码如下所示。

```
1  <body>
2      <p>这是一个段落</p>
3      <script>
4      $('p').css({ color : 'white' , background : 'red' });
5      </script>
6  </body>
```

以上代码的运行结果如图 4.16 所示。

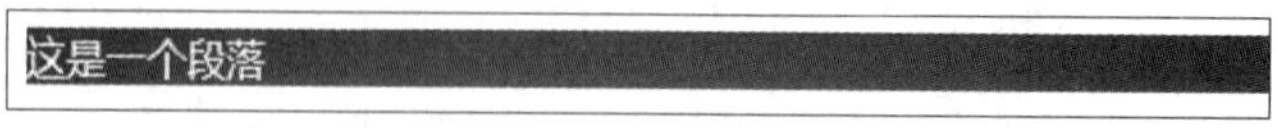

这是一个段落

图 4.16　css()方法设置多样式

4.4.2　html()方法

html()方法返回或设置被选元素的内容，即操作元素的 innerHTML，语法为：

```
指定节点.html([内容值])
```

具体代码如下所示。

```
1  <body>
2      <p>这是一个段落</p>
3      <script>
4      console.log( $('p').html() );
5      $('p').html('<h3>新的段落</h3>');
6      </script>
7  </body>
```

以上代码的运行结果如图 4.17 所示。

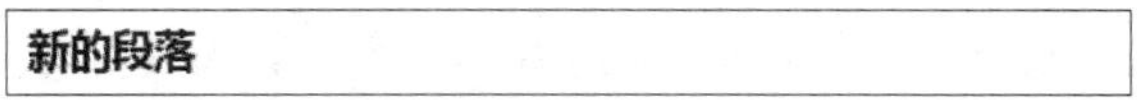

新的段落

图 4.17　html()方法设置内容

html()方法还可以添加回调函数作为函数，函数的第一个参数为索引值，第二个参数是当前内容，函数的返回值为设置的新的内容，语法为：

```
指定节点.html(function(索引，当前内容){
    return 新的内容;
});
```

具体代码如下所示。

```
1  <body>
2      <p>这是一个段落</p>
3      <script>
4          $('p').html(function(index,content){
5              return content + index;
6          });
7      </script>
8  </body>
```

运行以上代码，可以看到页面中打印出"这是一个段落 0"，如图 4.18 所示。

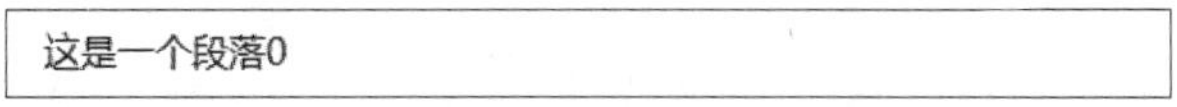

这是一个段落0

图 4.18　html()方法回调函数方式

4.4.3　val()方法

val()方法返回或设置被选元素的值，即表单元素的 value 属性值，语法为：

```
指定节点.val([内容值])
```

具体代码如下所示。

```
1  <body>
2      <input type="text" value="文本框内容">
3      <script>
4      console.log( $('input').val() );   // 文本框内容
5      $('input').val('新的内容');
6      </script>
7  </body>
```

运行以上代码，可以看到页面中的文本框内打印出"新的内容"，如图 4.19 所示。

新的内容

图 4.19　val()方法设置内容

val()方法还可以添加回调函数作为函数，函数的第一个参数为索引值，第二个参数是当前内容，函数的返回值为设置的新的内容，语法为：

```
指定节点.val(function(索引,当前内容){
    return 新的内容;
});
```

具体代码如下所示。

```
1  <body>
2      <input type="text" value="文本框内容">
3      <script>
4          $('input').val(function(index,content){
5              return content + index;
6          });
7      </script>
8  </body>
```

运行以上代码，可以看到页面中的文本框内打印出"文本框内容 0"，如图 4.20 所示。

文本框内容0

图 4.20　val()方法回调函数方式

4.4.4　offset()方法

offset()方法返回或设置匹配元素相对于文档的偏移，即元素相对于浏览器左上角的位置。offset()方法返回元素的坐标，坐标有 left 和 top 两个属性，属性值以像素为单位，语法为：

```
指定节点.offset().left
指定节点.offset().top
```

具体代码如下所示。

```
1  <style>
2  div{ width:100px; height:100px; background:red; position: absolute; left: 100px; top:
100px;}
3  </style>
4  <body>
5      <div>这是一个块</div>
6      <script>
7      console.log( $('div').offset().left );      // 100
8      console.log( $('div').offset().top );       // 100
9      </script>
10 </body>
```

offset()方法除了可以获取坐标外，还可以设置元素的坐标，语法为：

```
指定节点.offset({left:值, top:值})
```

具体代码如下所示。

```
1  <style>
2  div{ width:100px; height:100px; background:red; position: absolute; left: 100px; top:
100px;}
3  </style>
4  <body>
5      <div>这是一个块</div>
6      <script>
7      $('div').offset({ left : 50 , top : 50 });
8      </script>
9  </body>
```

以上代码的运行结果如图 4.21 所示。

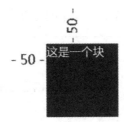

图 4.21　offset()方法设置元素的坐标

4.4.5　position()方法

position()方法返回匹配元素相对于祖先元素的位置，这里的祖先元素指的是有定位的祖先元素，如果祖先元素没有定位，那么 position()方法返回的坐标跟 offset()方法相同，其语法为：

```
指定节点.position().left
指定节点.position().top
```

具体代码如下所示。

```
1  <style>
2  #parent{ width:200px; height:200px; border:1px black solid; position: relative;}
3  #child{ width:100px; height:100px; background:red; position:relative; left: 50px; top:
50px;}
4  </style>
5  <body>
6      <div id="parent">
7          <div id="child">这是一个块</div>
8      </div>
9      <script>
10         console.log( $('#child').position().left );   // 50
11         console.log( $('#child').position().top );   // 50
12     </script>
13 </body>
```

以上代码的运行结果如图 4.22 所示。

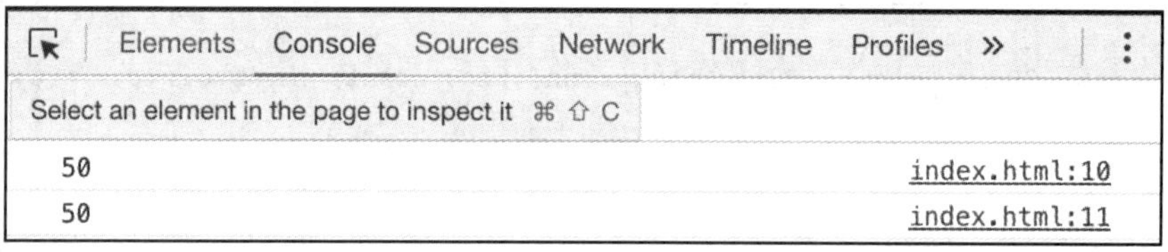

图 4.22　position()方法获取元素坐标

position()方法除了可以获取坐标外，还可以设置元素的坐标，用法同 offset()方法，这里不再赘述。

4.4.6　scrollTop()方法

scrollTop() 方法返回或设置匹配元素的滚动条的垂直位置，语法为：

```
指定节点.scrollTop([位置值])
```

scrollTop()和 scrollLeft()是一对方法，由于 scrollLeft()方法使用较少，这里不再进行演示。scrollTop()方法的演示代码如下所示。

```
1  <style>
2  div{ width: 200px; height:100px; border:1px black solid; overflow: auto;}
3  </style>
4  <body>
5      <div>
```

```
6              <p>这是一个段落</p>
7              <p>这是一个段落</p>
8              <p>这是一个段落</p>
9              <p>这是一个段落</p>
10             <p>这是一个段落</p>
11             <p>这是一个段落</p>
12             <p>这是一个段落</p>
13     </div>
14     <script>
15     $('div').click(function(){
16              $(this).scrollTop(100);
17     });
18     </script>
19   </body>
```

以上代码的运行结果如图 4.23 所示。

图 4.23　scrollTop()方法设置滚动条

4.4.7　text()方法

text()方法返回或设置被选元素的文本内容。该方法用于返回内容时，返回所有匹配元素的文本内容（会删除 HTML 标记）；该方法用于设置内容时，重写所有匹配元素的内容。其语法为：

```
$(selector).text()：返回文本内容
$(selector).text()：设置文本内容
```

text()方法的演示代码如下所示。

```
1  <script>
2  $(document).ready(function(){
3      $("button").click(function(){
4          alert($("p").text());
5          $("p").text("这是新设置的文本");
6      });
7  });
8  </script>
9  </head>
10 <body>
11 <button>设置所有 p 元素的文本内容</button>
12 <p>这是一个 p 元素的段落。</p>
13 </body>
```

运行以上代码，在结果页面可以看见一个按钮和内容为"这是一个 p 元素的段落。"的文本，单击按钮会触发弹出框获取结果页面的文本内容，单击弹出框的"确定"按钮，触发设置文本内容方法，此时页面中的内容变为"这是新设置的文本"，如图 4.24 所示。

图 4.24　text()方法设置文本内容

注意：与 text()方法功能类似的还有 val()方法和 html()方法。html()方法返回或设置被选元素的内容（inner HTML），包括标签。如果该方法未设置参数，则返回被选元素的当前内容。val() 方法返回或设置被选元素的值，该元素的值是通过 value 属性设置的，此方法主要用于获取表单元素的值。

4.5　本章小结

通过本章的学习，大家了解了如何使用 jQuery 操作 HTML 元素的属性，掌握了元素尺寸大小的获取与设置方法，还学习了一些新的常用方法，如 offset()、position()等。这些操作都是网页开发中的常用交互行为，使用非常频繁，合理、高效地运用这些方法有助于快速进行网页开发。

4.6　习题

1. 填空题

（1）_____标签的属性是给元素添加样式的，在前端开发中非常重要。

（2）_____方法向被选元素添加一个或多个类名。

（3）_____方法对被选元素进行添加类名和删除类名的切换操作。

（4）_____方法用于返回或设置被选元素的属性值，通过参数个数来实现取值与赋值的操作。

（5）_____方法返回或设置被选元素的值，即表单元素的 value 属性值。

2.　选择题

（1）下列关于查找 DOM 元素的说法中，错误的是（　　）。

    A.　toggleClass()方法对被选元素进行添加类名和删除类名的切换操作

    B.　hasClass()方法检查被选元素是否包含指定的类名称

    C.　attr()方法用于返回或设置被选元素的属性值

    D.　addClass()方法向被选元素添加一个或多个类名，当需要添加多个类名时，以逗号隔开即可

（2）下列关于 attr()方法的描述中，错误的是（　　）。

    A.　attr()方法用于返回或设置被选元素的属性值

    B.　该方法通过参数个数来实现取值与赋值的操作

    C.　指定节点.attr(属性值)可以用来赋值

    D.　attr()方法的写法可以简化成链式的写法

（3）下列选项中，说法正确的是（　　）。

    A.　width()方法返回或设置匹配元素的宽度，它表示 CSS 盒子模型 content 部分

    B.　data()方法其实跟属性没有太大关系，它是获取属性的创建时间的

    C.　innerWidth()方法返回或设置匹配元素的宽度，它表示 CSS 盒子模型 content 部分

    D.　outerWidth()方法返回或设置匹配元素的宽度，它表示 CSS 盒子模型 content 部分 + padding 部分

（4）可以获取表单元素的 value 属性值的方法是（　　）。

    A.　data()

    B.　val()

    C.　css()

    D.　html()

（5）下列选项中，说法正确的是（　　）。

    A.　css()方法只能用于设置被选元素的一个或多个样式属性

    B.　scrollTop() 方法返回或设置相对于浏览器顶部的位置

    C.　offset()方法返回或设置匹配元素相对于文档的偏移，即元素相对于浏览器左上角的位置

    D.　position()方法与 offset()方法的用处完全相同

3.　思考题

jQuery 对 HTML 的属性的操作方法中，有很多方法通过参数的设置不仅能够取值，还能够赋值，是怎样实现的？

4.　编程题

根据以下的示例完成相关操作。

```
1    <style>
2    div{ width:100px; height:100px; background:red; position: absolute; left: 0px; top: 0px;}
3    .hide{ display: none; }
4    </style>
5    <body>
```

```
6          <div>这是一个块</div>
7          <button>单击切换</button>
8      </body>
```

在 div 元素中添加"box"类名，设置 div 相对浏览器左上角的偏移量为 50，并通过单击按钮，完成 div 的显示与隐藏切换。

第 5 章 jQuery 事件操作

本章学习目标

- 掌握常见的 jQuery 事件种类
- 了解 Event 对象及其属性和方法
- 学会事件高级使用技巧

在浏览网页的时候，用户经常会对页面进行一些操作，页面对这些访问的响应叫作事件。事件处理程序指的是当 HTML 页面当中发生某些事件时所调用的方法。

jQuery 中的事件跟原生 JavaScript 事件并没有太大区别，只不过在 jQuery 中，对事件进行了二次封装，统一了调用的 API 和解决了事件的兼容性问题。使用 jQuery 事件，可以快速、高效地满足一系列复杂的需求。

5.1 事件基础

事件基础

首先要明确一点，jQuery 中所有的事件操作，都是利用原生 JavaScript 的绑定写法 addEventListener()方法实现的，所以添加多个事件的时候，会逐一触发，不会出现事件覆盖的情况。

在 jQuery 当中，大多数的 DOM 事件都有一个等效的与其对应的方法。根据事件使用的情况不同，jQuery 对事件进行了相应的分类处理。常见的事件处理方式，无非就是与鼠标、键盘等的交互行为，下面将对其进行详细的讲解。

5.1.1 页面载入事件

页面载入事件是当前页面加载完毕后触发的事件行为，在 jQuery 中是利用 ready 事件实现的，语法为：

```
$(document).ready(回调函数)
```

具体演示代码如下所示。

```
1  <script>
2      $(document).ready(function(){
3          console.log('执行 2');
4      });
5      console.log('执行 1');
6  </script>
```

运行以上代码，可以看到，先执行了'执行 1'，再执行 ready 事件中的'执行 2'。通过执行的先后顺序，可以发现 ready 事件会等到页面加载完再去执行，如图 5.1 所示。

```
执行1
执行2
```

图 5.1　页面载入事件 ready 的执行

在 jQuery 中，$(document).ready(function(){})跟$(function(){})是等价关系，后者是前者的简写方式，代码如下所示。

```
1  <script>
2      $(function(){
3          console.log('执行 2');
4      });
5      console.log('执行 1');
6  </script>
```

以上代码运行效果与图 5.1 相同。jQuery 中的页面载入事件是 DOM 加载完就触发的，跟原生 JavaScript 中的 window.onload 事件有区别，window.onload 事件是等整个页面加载完毕后再触发回调的，所以 jQuery 的 ready 事件触发时间点比 window.onload 事件要早，具体演示代码如下所示。

```
1  <body>
2      <img
3  src="http://h.hiphotos.baidu.com/image/pic/item/77094b36acaf2eddcccc86e3831001e939019
4  3ff.jpg" alt="">
5      <script>
6      window.onload = function(){
7          console.log('执行 3');
8      }
9      $(function(){
10         console.log('执行 2');
11     });
12     console.log('执行 1');
13     </script>
14 </body>
```

运行以上代码，可以看到，window.onload 事件会等到图片加载完毕后再触发，而 ready 事件会在 DOM 加载完后就触发，如图 5.2 所示。ready 事件是利用原生 JavaScript 的 DOMContentLoaded 事件来实现的。

执行1
执行2
执行3

图 5.2　ready 和 window.onload 对比

5.1.2　鼠标事件

鼠标事件是常见的事件交互行为，表 5.1 列举了常见的鼠标事件。

表 5.1　　　　　　　　　　　　　　　**鼠标事件**

鼠标事件	说明
click	鼠标单击事件
dbclick	鼠标双击事件
mouseover	鼠标移入事件
mouseout	鼠标移出事件
mousemove	鼠标移动事件
mousedown	鼠标按下事件
mouseup	鼠标抬起事件

鼠标事件的语法为：

指定节点.事件(回调函数)

下面以鼠标移入移出事件为例做简单的演示，具体代码如下所示。

```
1  <style>
2      div{ width:100px; height:100px; background:red;}
3  </style>
4  <body>
5      <div>这是一个块</div>
6      <script>
7      $('div').mouseover(function(){
8          $(this).css('background','blue');
9      }).mouseout(function(){
10         $(this).css('background','red');
11     });
12     </script>
13 </body>
```

运行以上代码，可以看见页面展示出一块红色区域，当鼠标移入时，这块区域的背景颜色由红色变成了蓝色，当鼠标移出这块区域时，背景颜色又恢复为红色，如图 5.3 所示。

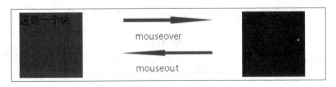

图 5.3　鼠标移入与移出操作

其他鼠标事件操作方式与此类似，这里不再赘述。注意，mousemove 为连续触发事件。

5.1.3 键盘事件

键盘事件也是常见的事件交互行为，表 5.2 列举了常见的键盘事件。

表 5.2   键盘事件

键盘事件	说明
keydown	键盘按下事件
keypress	键盘按下事件（只包含数字键和字母键）
keyup	键盘抬起事件

一般情况下，jQuery 是使用 keydown、keypress、keyup 来捕获键盘事件的。这 3 个事件有一定的先后顺序：keydown → keypress → keyup。演示代码如下所示。

```
1  <body>
2      <input type="text">
3      <script>
4      $('input').keydown(function(){
5          console.log('执行 1');
6      }).keypress(function(){
7          console.log('执行 2');
8      }).keyup(function(){
9          console.log('执行 3');
10     });
11     </script>
12 </body>
```

运行以上代码可以发现，keydown 事件最先执行，keypress 事件紧随其后，keyup 事件最后执行，如图 5.4 所示。

执行1
执行2
执行3

图 5.4   键盘事件的执行顺序

keydown 事件与 keypress 事件都是键盘按下的一瞬间触发的，但是 keypress 事件只能由数字键和字母键触发，不包括功能键，如 F2 键、Ctrl 键等。上面的代码，如果按下一个功能键，那么只会触发'执行 1'和'执行 3'。

5.1.4 表单事件

表单事件在表单操作中非常重要，表 5.3 列举了常见的表单事件。

表 5.3   表单事件

表单事件	说明
focus	光标移入事件
blur	光标移开事件

表单事件	说明
change	改变状态事件
select	选中内容事件

首先演示 focus 和 blur 这两个事件，代码如下所示。

```
1   <body>
2       <input type="text">
3       <script>
4       $('input').focus(function(){
5               $(this).css('background','red');
6       }).blur(function(){
7               $(this).css('background','');
8       });
9       </script>
10  </body>
```

运行以上代码，可以发现当输入框获取光标时，触发 focus 事件，输入框颜色变红，当输入框失去光标时，触发 blur 事件，输入框颜色消失，如图 5.5 所示。

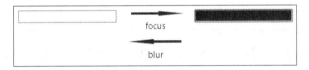

图 5.5　光标移入移开事件

接下来对 change 事件做简单的使用演示，代码如下所示。

```
1   <body>
2       <input type="checkbox">
3       <script>
4       $('input').change(function(){
5               console.log('执行');
6       });
7       </script>
8   </body>
```

当复选框被选中或取消选中时，都会触发 change 事件。

最后对 select 事件做简单的使用演示，代码如下所示。

```
1   <body>
2       <input type="text">
3       <script>
4       $('input').select(function(){
5               $(this).css('background','red');
6       });
7       </script>
8   </body>
```

运行以上代码，在页面的输入框中输入"千锋互联"，然后鼠标选中文字，输入框的背景颜色变成了红色，即触发了 select 事件，如图 5.6 所示。

图 5.6 选中内容事件

5.1.5 滚动事件

滚动事件是当滚动条发生改变时触发的事件，是连续触发事件。接下来就滚动事件做简单的演示，代码如下所示。

```
1  <style>
2  body{ height:2000px;}
3  </style>
4  <body>
5      <script>
6      $(document).scroll(function(){
7          console.log('执行');
8      });
9      </script>
10 </body>
```

当拖曳页面中的滚动条时，触发 scroll 事件，而且会连续触发。类似的事件还有改变浏览器窗口大小的 resize 事件，演示代码如下所示。

```
1  <script>
2      $(window).resize(function(){
3          console.log('执行');
4      });
5  </script>
```

当改变浏览器窗口大小时触发此事件，注意，事件要加给 window 对象而不是 document 对象。

5.2 Event 对象详解

Event 对象详解

Event 对象代表事件的状态，如事件涉及的元素、键盘按键的状态、鼠标的位置等。也可以理解为 Event 对象是事件的细节操作对象。

在 jQuery 中，我们通过获取事件函数的第一个参数来得到 Event 对象，一般这个参数会命名为 e 或者 ev，语法为：

指定节点.事件(function(Event 对象){});

本节我们学习 Event 对象的常见属性及使用方法。

5.2.1　鼠标指针坐标

在鼠标事件中，我们经常要获取鼠标指针当前的坐标，来实现一些跟鼠标相关的特效。下面列举鼠标指针坐标的两组操作属性。

- clientX、clientY

clientX 属性返回鼠标指针位置相对于浏览器窗口左上角的水平坐标，单位为像素，与页面是否横向滚动无关。

clientY 属性返回鼠标指针位置相对于浏览器窗口左上角的垂直坐标，单位为像素，与页面是否纵向滚动无关。

clientX、clientY 其实就是鼠标指针到浏览器可视区左上角的距离，演示代码如下所示。

```
1  <script>
2      $(document).mousedown(function(ev){
3          console.log('x轴坐标: ' + ev.clientX);
4          console.log('y轴坐标: ' + ev.clientY);
5      });
6  </script>
```

运行以上代码，在浏览器中按下 F12 键打开开发者调试页面，鼠标单击"Console"，然后在浏览器页面单击鼠标，每单击一次，Console 下就会出现单击时鼠标指针的位置信息，如图 5.7 所示。

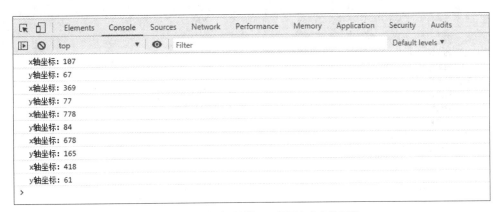

图 5.7　鼠标指针到浏览器可视区左上角的距离

- pageX、pageY

pageX 属性返回鼠标指针位置相对于当前页面左上角的水平坐标，单位为像素，包括了横向滚动的位移。

pageY 属性返回鼠标指针位置相对于当前页面左上角的垂直坐标，单位为像素，包括了纵向滚动的位移。

pageX、pageY 其实就是鼠标指针到文档左上角的距离，演示代码如下所示。

```
1  <script>
2      $(document).mousedown(function(ev){
3          console.log('x轴坐标: ' + ev.pageX);
```

```
4          console.log('y轴坐标: ' + ev.pageY);
5      });
6 </script>
```

以上代码运行后展示的效果与图 5.7 相同。当页面出现纵向滚动条时，得到的 clientY 值与 pageY 值可能不同，因为 clientY 表示的是鼠标指针在浏览器页面中的相对位置，而 pageY 表示的是鼠标指针在浏览器页面中的绝对位置，演示代码如下所示。

```
1  <style>
2      body{ height:2000px;}
3  </style>
4  <body>
5      <script>
6      $(document).mousedown(function(ev){
7          console.log('可视区 y 轴坐标: ' + ev.clientY);
8          console.log('文档 y 轴坐标: ' + ev.pageY);
9      });
10     </script>
11 </body>
```

打开浏览器，在当前页面中单击鼠标，可见前两次单击后，clientY 与 pageY 的值相同，然后下拉页面，再单击两次鼠标，此时会发现 clientY 与 pageY 的值变得不同了，如图 5.8 所示。

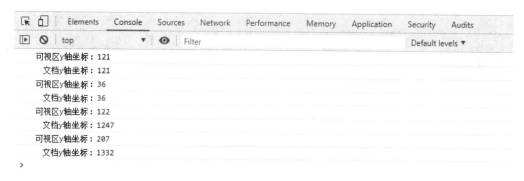

图 5.8　clientY 与 pageY 的区别

5.2.2　键盘键值

在键盘事件中，我经常要获取键盘按键的键值，来实现一些跟键盘相关的特效。在 Event 对象下，我们通过 which 属性来获取键盘键值。

which 属性对 DOM 原生的 event.keyCode 和 event.charCode 进行了标准化，兼容了各个浏览器，演示代码如下所示。

```
1  <script>
2      $(document).keydown(function(ev){
3          console.log( ev.which , String.fromCharCode(ev.which) );
4      });
5  </script>
```

以上代码在浏览器中打开后，按 F12 键，打开开发者调试页面，鼠标单击浏览器页面，再按下键盘的 A 键、B 键等，Console 效果如图 5.9 所示。

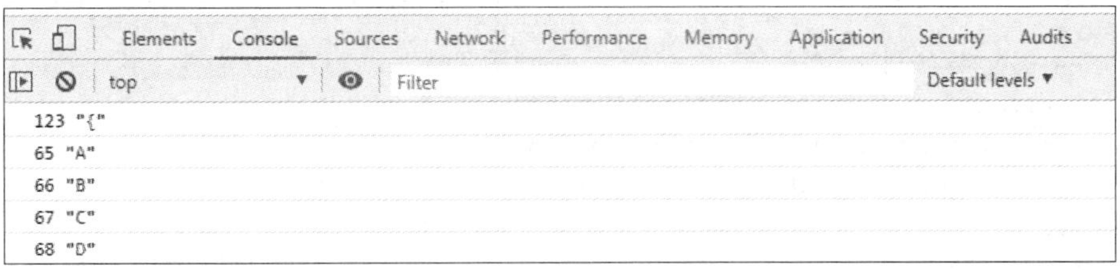

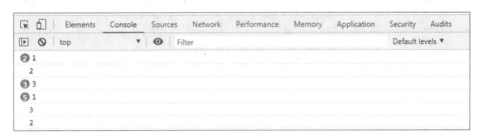

图 5.9　which 属性对应的键值与键名

在 jQuery 中，which 属性兼容键盘的键值和鼠标的键值，单击鼠标的左键、中键（鼠标滚轮）、右键都有对应的键值，分别为 1、2、3，演示代码如下所示。

```
1  <script>
2      $(document).mousedown(function(ev){
3          console.log( ev.which );
4      });
5  </script>
```

同样，运行以上代码，打开浏览器的 Console 控制台，按鼠标各键，即可发现打印出 1、2、3 字样，这些数字之前的圆圈内的数字代表按一个键的次数，如图 5.10 所示。

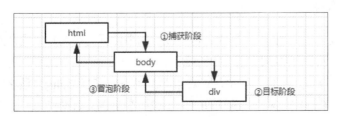

图 5.10　which 属性对应的鼠标键值

5.2.3　阻止冒泡

一个事件发生以后，它会在不同的 DOM 节点之间传播，这种传播分成三个阶段。第一阶段：从 window 对象传导到目标节点，称为"捕获阶段"。第二阶段：在目标节点上触发，称为"目标阶段"。第三阶段：从目标节点传导回 window 对象，称为"冒泡阶段"。这种三阶段的传播模型，会使一个事件在多个节点上触发，如图 5.11 所示。

图 5.11　事件流的三个阶段

首先来看冒泡的行为。如果给 html、body、div 等元素都添加了事件，只单击 div 元素时，会触发多次事件，这种现象就是冒泡产生的，演示代码如下所示。

```
1  <body>
2      <div>这是一个块</div>
3      <script>
4      $('html,body,div').mousedown(function(){
5          console.log('执行');
6      });
7      </script>
8  </body>
```

运行以上代码，可以发现 Console 中显示'执行'事件发生了 3 次，如图 5.12 所示。

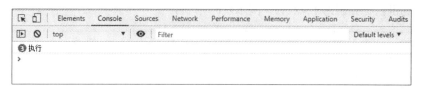

图 5.12　事件冒泡触发多次执行

如果不想触发这个冒泡的行为，可以在触发元素上添加阻止冒泡，这样事件流就不会向上继续传播，而这个阻止冒泡的行为是通过 Event 对象下的 stopPropagation()方法来实现的，演示代码如下所示。

```
1  <body>
2      <div>这是一个块</div>
3      <script>
4      $('html,body,div').mousedown(function(ev){
5          console.log('执行');
6          ev.stopPropagation();
7      });
8      </script>
9  </body>
```

代码运行后，单击鼠标可以发现 Console 中只触发了一次'执行'事件，如图 5.13 所示。

图 5.13　阻止事件冒泡行为

5.2.4　阻止默认事件

一般情况下事件都具备默认事件行为，这些默认的事件行为往往并不是开发中所需要的，反而会影响整个项目的开发，所以需要阻止默认事件。

在 jQuery 中，阻止默认事件是在 Event 对象下调用 preventDefault()方法来实现的。例如，在地图应用中，想阻止掉浏览器默认的右键菜单，而生成一个自定义右键菜单，这个时候，第一步要做的就是阻止菜单的默认事件，演示代码如下所示。

```
1  <script>
2      $(document).contextmenu(function(ev){
3          ev.preventDefault();
4      });
5  </script>
```

contextmenu 为右键事件，当鼠标在页面中单击右键时，会阻止浏览器默认菜单的弹出。

在实际开发过程中，经常需要同时阻止冒泡和阻止默认事件，这个时候 jQuery 提供给开发者一种简易写法：在事件函数中 return false;就可以同时实现这两种操作，代码如下所示。

```
1  <script>
2      $(document).mousedown(function(){
3          return false;       //阻止冒泡和阻止默认事件
4      });
5  </script>
```

5.2.5　事件源

Event 对象下的 target 属性表示事件源，用来查找当前操作的元素。它跟 this 的区别就在于它不会被当前调用的环境所影响，永远都会指向当前操作的元素，演示代码如下所示。

```
1  <body>
2      <div>这是一个块</div>
3      <script>
4  $('html,body,div').mousedown(function(ev){
5          console.log(this , ev.target);
6      });
7      </script>
8  </body>
```

运行以上代码，可以看到，this 永远会指向被调用的元素，而 target 会指向当前操作的元素，如图 5.14 所示。事件源在很多特定场景下非常有用，如事件委托和一些前端框架。

```
<div>这是一个块</div>     <div>这是一个块</div>

▶<body>...</body>     <div>这是一个块</div>

<html lang="en">
  ▶<head>...</head>
  ▶<body>...</body>
</html>                  <div>这是一个块</div>
```

图 5.14　this 与 target 的区别

5.3　事件高级用法

事件高级用法

除了基本的事件操作和 Event 对象外，jQuery 中还有一些事件的高级使用方式，这些才是 jQuery 事件相对原生 JavaScript 事件的亮点所在，也是开发者愿意使用 jQuery 来进行项目开发的重要的原因之一。

5.3.1　on()、off()方法

on()、off()这两个方法，统一了添加事件与取消事件的通用写法。5.1 节中介绍过的事件，其底层都是调用 on()方法来实现的，语法为：

指定节点.on(事件,回调函数)

演示代码如下所示。

```
1  <body>
2      <div>这是一个块</div>
3      <input type="text" value="这是一个输入框">
4      <script>
5      $('div').on('mousedown',function(){
6          $(this).html('一个新的块');
7      });
8      $('input').on('focus',function(){
9          $(this).val('一个新的输入框');
10     });
11     </script>
12 </body>
```

运行以上代码，在输入框中出现"这是一个输入框"，鼠标单击输入框触发事件后，输入框中的文字变为"一个新的输入框"，如图 5.15 所示。

on()方法不仅统一了事件的调用方式，也提供了一些高级写法。可以利用 on()方法给多个事件添加相同的事件函数。将 on()方法中的参数以空格隔开，就可以添加多个事件了。语法为：

这是一个块
一个新的输入框

图 5.15　on()方法添加事件

指定节点.on(事件 1 事件 2 事件 3,回调函数);

演示代码如下所示。

```
1  <body>
2      <div>这是一个块</div>
3      <script>
4      $('div').on('mousedown mouseover',function(){
5          console.log('执行');
6      });
7      </script>
8  </body>
```

对当前 div 元素添加鼠标按下与鼠标移入事件后,无论按下或移入鼠标都会触发其事件的回调函数,打印"执行"。

还可以利用 on()方法,对多个不同的事件分别添加不同的事件函数,只需要对 on()方法的参数进

行对象设置即可。语法为：

```
指定节点.on({事件1:回调函数1,事件2:回调函数2});
```

演示代码如下所示。

```
1  <body>
2      <input type="text">
3      <script>
4      $('input').on({
5          focus : function(){
6              $(this).css('background','red');
7          },
8          blur : function(){
9              $(this).css('background','');
10         }
11     });
12     </script>
13 </body>
```

当输入框获取光标时，输入框添加红色背景，当输入框失去光标时，输入框红色背景消失。

事件除了可以添加，有时候还需要取消，这在 jQuery 中是通过 off() 方法来实现的。off() 的语法跟 on() 语法类似，只是不需要添加回调函数。其语法为：

```
指定节点.off(事件);
```

演示代码如下所示。

```
1  <body>
2      <div>这是一个块</div>
3      <script>
4      $('div').on('mousedown',function(){
5          console.log('执行');
6          $(this).off('mousedown');
7      });
8      </script>
9  </body>
```

无论单击 div 元素几次，只会触发一次'执行'，因为执行完一次就触发了取消事件的 off() 方法，导致 mousedown 事件失效。

如果有多个事件作用到元素上，想取消当前元素上的所有事件时，只需要调用 off() 方法即可。

```
1  <body>
2      <div>这是一个块</div>
3      <script>
4      $('div').on('mousedown mouseover',function(){
5          console.log('执行');
```

```
6           $(this).off();
7       });
8    </script>
9  </body>
```

这样只要触发了 **off()** 方法，div 元素上的所有事件就都消失了。

event.data 属性包含当前执行的处理程序被绑定时传递到事件方法的附加数据。该属性的返回值是任意类型，返回绑定当前事件处理函数时传递的附加数据，其类型取决于在绑定当前事件处理函数时所传入的附加数据的类型，如果绑定时没有传入附加数据，则返回 undefined，语法为：

```
event.data
```

演示代码如下所示。

```
1  <script>
2  $(document).ready(function(){
3    $("p").each(function(i){
4      $(this).on("click",{x:i},function(event){
5        alert("序号: " + $(this).index() + "。段落的数据为: " + event.data.x);
6      });
7    });
8  });
9  </script>
10 </head>
11 <body>
12 <div style="color:red">单击下列内容</div>
13 <p>第一行</p>
14 <p>第二行</p>
15 <p>第三行</p>
16 </body>
```

运行以上代码，单击 p 元素在页面输出的文字，会返回通过 on() 方法传递的数据。单击第一行，运行结果如图 5.16 所示。

此网页上的嵌入式页面显示

序号：1。段落的数据为: 0

确定

图 5.16　使用 event.data 属性

5.3.2　事件委托

事件委托是一种提高代码性能的手段，主要原理就是利用事件的冒泡特性，把一个元素响应事件（click、keydown 等）的函数委托到另一个元素。

一般来讲，我们会把一个或者一组元素的事件委托到其父层或者更外层元素上，真正绑定事件的是外层元素，当鼠标触发当前元素时，会通过事件的冒泡机制调用外层元素上的事件函数。

jQuery 对事件委托进行了很好的封装，开发者不用关心委托如何实现，只要理解委托带来的好处，就可以很好地对其进行利用。其语法为：

委托节点.on(事件，指定节点，回调函数);

事件委托的好处有两点：减少内存消耗和动态绑定事件。演示代码如下所示。

```
1  <body>
2      <button>单击添加列表项</button>
3      <ul></ul>
4      <script>
5      $('button').on('mousedown',function(){
6          $('ul').append('<li>新的列表项</li>');
7      });
8      $('ul').on('mousedown','li',function(){
9          $(this).css('background','red');
10     });
11     </script>
12  </body>
```

运行以上代码，可以发现当单击按钮时，能够向列表中动态添加列表项，然后列表项拥有了事件行为，单击对应的列表项时会添加红色背景，如图 5.17 所示。

图 5.17　事件委托的示例

在这个示例中，首先省略了列表的循环操作，事件只是添加到了 ul 元素上，所以减少了内存的消耗；其次，动态添加的列表项也能够拥有事件行为，这体现了事件委托的第二个好处。

5.3.3　事件主动触发

在事件触发的时候，有时需要进行一些模拟用户行为的操作。例如，希望页面加载完两秒钟后自动调用刷新按钮操作，语法为：

指定节点.trigger(事件);

演示代码如下所示。

```
1  <body>
2      <button>刷新页面</button>
3      <script>
4      $('button').on('mousedown',function(){
5          window.location.reload();
6      });
7      setTimeout(function(){
```

```
8              $('button').trigger('mousedown');
9       },2000);
10     </script>
11   </body>
```

5.3.4 命名空间

当某个元素添加多个相同的事件时，要区分开这些相同的事件，就需要以添加命名空间的方式来处理，语法为：

指定节点.on(事件.命名空间,回调函数);
指定节点.off(事件.命名空间);

例如，两个鼠标按下事件，只想取消其中一个鼠标按下事件，而另一个不取消，演示代码如下所示。

```
1  <body>
2     <button>按钮</button>
3     <script>
4     $('button').on('mousedown.firstName',function(){
5           console.log('执行1');
6     });
7     $('button').on('mousedown.lastName',function(){
8           console.log('执行2');
9     });
10    setTimeout(function(){
11          $('button').off('mousedown.firstName');
12    },2000);
13    </script>
14  </body>
```

两秒钟后，只会取消对应命名空间为 firstName 的 mousedown 事件，此后单击鼠标只执行一次打印。

5.4 事件扩展用法

jQuery 还提供了一些辅助事件操作的方法，这些方法可以减少代码的编写量及提高代码编写的灵活度。

事件扩展用法

5.4.1 hover()方法

hover()方法是类似于 CSS 中伪类 hover 的一种 JS 方式，相当于给一个指定的元素添加鼠标指针的移入移出操作，语法为：

指定节点.hover(移入回调函数,移开回调函数);

演示代码如下所示。

```
1  <style>
2       div{ width:100px; height:100px; background:red;}
3  </style>
4  <body>
5      <div>这是一个块</div>
6      <script>
7      $('div').hover(function(){
8          $(this).css('background','blue');
9      },function(){
10          $(this).css('background','red');
11      });
12      </script>
13  </body>
```

运行以上代码可以发现，当鼠标指针移入红色的区域时，背景颜色变成了蓝色，当鼠标指针移出时，背景颜色恢复了红色，如图 5.18 所示。

图 5.18　hover()方法设置样式

当然，hover()方法内部实现的原理是利用了原生 JavaScript 中的 mouseenter 和 mouseleave 这两个事件，这两个事件跟 mouseover 和 mouseout 还是有区别的，主要表现在对嵌套元素的操作行为上，mouseenter 不会触发子元素，而 mouseover 会触发子元素，演示代码如下所示。

```
1  <style>
2      #box1,#box3{ width:200px; height:200px; background: red;}
3      #box2,#box4{ width:100px; height:100px; background: blue;}
4  </style>
5  <body>
6    <div id="box1">
7        <div id="box2"></div>
8    </div>
9    <div id="box3">
10        <div id="box4"></div>
11    </div>
12    <script>
13    $('#box1').on('mouseover',function(){
14        console.log('执行 1');
15    }).on('mouseout',function(){
16        console.log('执行 2');
17    });
18    $('#box3').hover(function(){
19        console.log('执行 3');
20    },function(){
21        console.log('执行 4');
```

```
22    });
23    </script>
24 </body>
```

鼠标指针从 box1 移入 box2 的时候，会触发'执行 1'和'执行 2'，但是鼠标指针从 box3 移入 box4 的时候，就不会触发'执行 3'和'执行 4'。一般不想让子元素影响整体效果的话就采用 hover() 的方式。

5.4.2　focusin()、focusout() 方法

focusin() 和 focusout() 这两个方法类似于 focus() 和 blur()。主要区别在于 focusin() 和 focusout() 可以对任何元素进行操作，而 focus() 和 blur() 这两个方法只针对能够获取光标的元素，如 input、textarea 等元素，演示代码如下所示。

```
1  <body>
2      <div>
3          <input type="text">
4      </div>
5      <script>
6      $('div').focus(function(){
7          console.log('执行 1');
8      });
9      $('div').focusin(function(){
10         console.log('执行 2');
11     });
12     </script>
13 </body>
```

运行以上代码，可以看到，当输入框获取光标时，会冒泡到 div 元素上，从而触发'执行 2'，'执行 1'并没有触发，因为 focus 事件只能添加到能获取光标的元素上，而 div 元素是不能获取光标的元素。控制台中的打印结果如图 5.19 所示。

> 执行2

图 5.19　focusin() 方法触发执行

5.4.3　one() 方法

one() 方法跟 on() 方法使用方式类似，区别在于 one() 方法只能触发一次，而 on() 方法可以多次被触发。

```
1  <body>
2      <div>这是一个块</div>
3      <script>
4      $('div').one('mousedown',function(){
5          console.log('执行 1');
6      });
7      </script>
8  </body>
```

运行以上代码，当单击 div 元素时，无论单击多少次，只会触发一次'执行 1'，内部原理很简单，就是调用完第一次事件后，调用了 off() 方法取消事件，如图 5.20 所示。

```
执行1
```

图 5.20　one() 方法添加一次事件

5.5　本章小结

本章带领大家学习了多种事件操作方式，以及 Event 对象的详细使用方法，还学习了 jQuery 事件中的很多高级用法，如事件委托、事件主动触发、命名空间等，最后对 jQuery 中的一些辅助事件方法进行了了解。通过本章的学习，希望大家能够更加全面地掌握事件交互模式，对 jQuery 事件操作有更深入的理解。

5.6　习题

1. 填空题

（1）jQuery 中常见的键盘交互事件有：_____、_____、_____。

（2）鼠标事件中的移入事件、移出事件和移动事件分别是：_____、_____、_____。

（3）阻止冒泡的行为是通过 Event 对象下的_____方法来实现的。

（4）阻止默认事件是在 Event 对象下调用_____方法来实现的。

（5）Event 对象下的_____属性表示事件源，用来查找当前操作的元素。

2. 选择题

（1）下列关于 jQuery 事件操作的说法中，错误的是（　　）。

　　A. 页面载入事件是当前页面加载完毕后触发的事件行为

　　B. 阻止默认事件是在 Event 对象下调用 stopPropagation() 方法来实现的

　　C. 滚动事件是当滚动条发生改变时触发的事件，是连续触发事件

　　D. Event 对象下的 target 属性表示事件源，用来查找当前操作的元素

（2）下列关于 Event 对象的描述中，错误的是（　　）。

　　A. clientY 与 pageY 的值是相同的，二者可以相互替代

　　B. jQuery 通过获取事件函数的第一个参数来得到 Event 对象，一般这个参数命名为 e 或者 ev

　　C. 在 Event 对象下，我们通过 which 属性来获取键盘键值

　　D. 阻止冒泡的行为是通过 Event 对象下的 stopPropagation() 方法来实现的

（3）下列事件的高级使用方式说法正确的是（　　）。

　　A. on()、off() 这两个方法，统一了添加事件与取消事件的通用写法

　　B. jQuery 中事件委托的操作非常烦琐，应尽可能减少使用

　　C. 在某个元素上添加多个相同的事件时，为了减少代码量不必要刻意区分

　　D. 事件主动触发是在 Event 对象下调用 preventDefault() 方法来实现的

（4）可以给一个指定的元素添加鼠标的移入移出操作的方法是（　　　）。

    A.　on()

    B.　one()

    C.　hover()

    D.　off()

（5）下列选项中，说法错误的是（　　　）。

    A.　Event 对象下的 target 属性表示事件源，用来查找当前操作的元素

    B.　focus()和 blur()这两个方法只针对能够获取光标的元素

    C.　one()方法跟 on()方法使用方式类似，区别在于 one()方法只能触发一次，而 on()方法可以多次被触发

    D.　滚动事件是当滚动条发生改变时触发的事件，只能够触发一次

3. 思考题

什么是页面载入事件？怎样使用？

4. 编程题

图 5.21 是使用 jQuery 展现的页面效果图，根据图中的文字提示操作，实现相关功能。

图 5.21　页面效果图

06

第 6 章 jQuery 工具方法

本章学习目标

- 掌握常见的 jQuery 工具方法
- 掌握 AJAX 在 jQuery 中的应用
- 了解工具相关的扩展方法及应用

jQuery 提供了很多辅助开发的方法，称为工具方法。这些工具方法跟前面章节中提到过的 jQuery 方法是有区别的。首先，从写法上来看，工具方法是通过$.方法名()的方式进行调用的，而 jQuery 方法则是通过$().方法名()的方式调用的。仔细观察的话，会看到它们之间的区别，一个是$，一个是$()。写法上的不同是因为它们内部实现的方式不同，熟悉面向对象开发的读者可以了解一下，一种是通过静态方法实现的，另一种是通过实例方法实现的。在第 13 章中我们将学习到 jQuery 源码分析，届时会详细讲解内部实现的机制。其次，除了写法上的不同外，这两种方法在作用上也是有区别的，jQuery 方法都是针对 jQuery 对象的，而工具方法既可以针对 jQuery 对象，也可以针对原生 JavaScript 对象。接下来我们做详细的讲解。

6.1 常用工具

我们在实际项目中经常要对一些基础语法进行操作。这些基础操作用原生 JavaScript 开发会比较麻烦，存在语法复杂、不兼容等问题。用 jQuery 提供的工具方法可以很好地解决这些问题。

6.1.1 类型检查

JavaScript 中一共有七种数据类型，分别为字符串、数字、布尔值、对象、null、undefined、symbol。其中对象类型属于复合类型，包括函数、日期、正则等多个分类，这些细化的类型通过原生 JavaScript 提供的 typeof 方法进行数据类型判断的时候，会出现很多问题，下面做简单演示，代码如下所示。

常用工具

111

```
1  <script>
2      console.log( typeof null );
3      console.log( typeof new Date );
4      console.log( typeof new Object );
5      console.log( typeof new RegExp );
6  </script>
```

运行以上代码，可以看到利用 typeof 并不能对它们进行区分，如图 6.1 所示。

```
object
object
object
object
```

图 6.1　typeof 判断数据类型

jQuery 为了解决这个问题提供了一个通用方法，即$.type()工具方法，演示代码如下所示。

```
1  <script>
2      console.log( $.type(null) );
3      console.log( $.type(new Date) );
4      console.log( $.type(new Object) );
5      console.log( $.type(new RegExp) );
6  </script>
```

运行以上代码，可以发现先前不能进行区分的类型在使用$.type()工具方法后，实现了类型区分，如图 6.2 所示。

```
null
date
object
regexp
```

图 6.2　$.type()判断数据类型

$.type()工具方法功能非常强大，可以区分各种数据类型。jQuery 还提供了一些单独判断具体数据的工具方法，如表 6.1 所示。

表 6.1　　　　　　　　　　　判断数据类型的工具方法

判断数据类型的工具方法	说明
$.isFunction()	判断是否是函数类型
$.isNumeric()	判断是否是数字类型
$.isArray()	判断是否是数组类型
$.isWindow()	判断是否是 window 类型
$.isEmptyObject()	判断是否是空对象类型
$.isPlainObject()	判断是否是对象自变量类型
$.isXMLDoc()	判断是否位于 XML 文档中

下面对表 6.1 中的方法做演示，代码如下所示。

```
1  <script>
2      console.log( $.isFunction(function(){}) );        // true
3      console.log( $.isNumeric(123) );                  // true
4      console.log( $.isArray(['a','b','c']) );          // true
5      console.log( $.isWindow(window) );                // true
6      console.log( $.isEmptyObject({}) );               // true
7      console.log( $.isPlainObject({name:"xiaoming"}) ); // true
8      console.log( $.isXMLDoc(document) );              // false
9  </script>
```

运行以上代码可以看到，在 HTML 文档中，利用$.isXMLDoc()判断 document 会返回 false，因为 document 在 HTML 文档中，并不在 XML 文档中。

XML 跟 HTML 类似，也是一种标记型语言。XML 被设计用来描述数据，其焦点是数据的内容。HTML 被设计用来显示数据，其焦点是数据的外观。接下来创建一个字符串格式的 XML 文档，然后通过$.parseXML()方法解析成真正的 XML 文档，再通过$.isXMLDoc()工具方法进行判断，返回布尔值 true。XML 文档定义数据的方式正逐渐被 JSON（JavaScript Object Notation，JS 对象简谱）定义数据所取代，所以简单了解即可，演示代码如下所示。

```
1  <script>
2      var str = '<?xml version="1.0" encoding="utf-8"?><tag></tag>';
3      var xml = $.parseXML(str);
4      console.log( $.isXMLDoc(xml) );        // true
5  </script>
```

在这些判断方法中，$.isEmptyObject()是用来判断一个对象是否为空的，如果一个对象有属性，就会返回 false；而$.isPlainObject()是用来判断是否为自变量形式的对象，自变量形式的对象指的是通过{}或 new Object()方式创建出来的对象。

6.1.2　类型转换

前端与后端进行交互的时候，往往需要对数据的类型进行转换，如把字符串转成对象等。所以 jQuery 为了方便类型转换提供了一些相关的工具方法，如表 6.2 所示。

表 6.2　　　　　　　　　　　　　数据类型转换工具方法

数据类型转换工具方法	说明
$.parseJSON()	把字符串转成对象
$.parseHTML()	把字符串转成 DOM 节点
$.parseXML()	把字符串转成 XML 文档

$.parseJSON()工具方法会把字符串转成 JSON 对象。JSON 是一种前后端交互的数据格式，演示代码如下所示。

```
1  <script>
2      var str = '[{"name":"xiaoming"},{"name":"xiaoqiang"}]';
3      var json = $.parseJSON(str);
4      console.log( json );
```

```
5  </script>
```

运行以上代码，可以发现$.parseJSON()工具方法已经把字符串转换为 JSON 对象了，如图 6.3 所示。

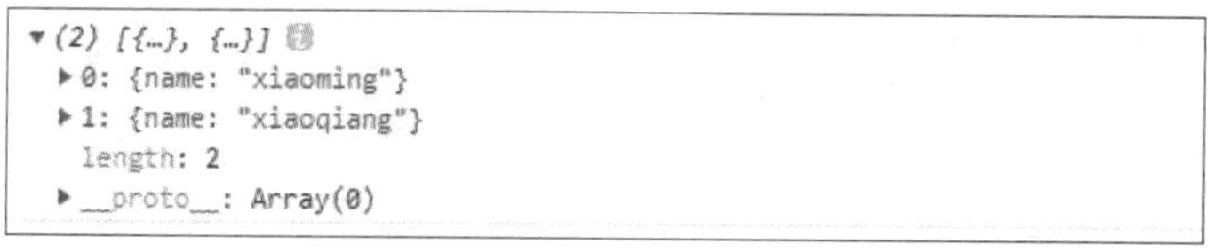

图 6.3　$.parseJSON()转换类型

$.parseHTML()工具方法会把字符串转成原生 DOM 节点，代码如下所示。

```
1  <script>
2      var str = '<div></div><p></p>';
3      var html = $.parseHTML(str);
4      console.log(html);
5  </script>
```

运行以上代码，可以发现$.parseHTML()工具方法已经将 str 中的字符串转换成了 DOM 节点，如图 6.4 所示。

图 6.4　$.parseHTML()转换类型

$.parseXML()工具方法前面已经介绍过了，它可以把字符串转成 XML 文档对象，这里不再赘述。

6.1.3　复制对象

当把一个对象赋值给另一个对象时，会出现对象引用的问题。这种引用是因内存中出现了传递地址而产生的。现将已有对象 objA 赋值给对象 objB，代码如下所示。

```
1  <script>
2      var objA = {
3          name : 'xiaoming'
4      };
5      var objB = objA;
6  </script>
```

在这种情况下，如果 objB 对象的属性改变了，就会影响到 objA 对象的属性，同样，objA 对象的属性改变了，也会影响到 objB 对象的属性。改变 name 属性值，代码如下所示。

```
1  <script>
2      var objA = {
3          name : 'xiaoming'
4      };
```

```
5      var objB = objA;
6      objB.name = 'xiaoqiang';
7      console.log( objA.name );   // xiaoqiang
8  </script>
```

运行以上代码可以看到，objA.name 从 xiaoming 变成了 xiaoqiang。为了解决对象之间互相影响的问题，jQuery 提供了 $.extend() 工具方法，语法为：

```
var 新对象 = $.extend({},复制对象);
```

演示代码如下所示。

```
1  <script>
2      var objA = {
3          name : 'xiaoming'
4      };
5      var objB = $.extend({},objA);
6      objB.name = 'xiaoqiang';
7      console.log( objA.name );   // xiaoming
8  </script>
```

通过 $.extend() 工具方法可以实现复制对象的需求，新对象与复制对象之间不存在引用关系。不过这种方式只能实现浅拷贝，当要复制的对象出现多层时就不行了，代码如下所示。

```
1  <script>
2      var objA = {
3          info : {
4              name : 'xiaoming'
5          }
6      };
7      var objB = $.extend({},objA);
8      objB.info.name = 'xiaoqiang';
9      console.log( objA.info.name );   // xiaoqiang
10 </script>
```

运行以上代码可以看到，objA.info.name 的值被影响了。要解决对象复制多层问题，就需要进行深拷贝，jQuery 已经替大家想到了这个问题，只需要简单地在方法中多添加一个布尔值参数，即可实现深拷贝，代码如下所示。

```
1  <script>
2      var objA = {
3          info : {
4              name : 'xiaoming'
5          }
6      };
7      var objB = $.extend(true, {}, objA);
8      objB.info.name = 'xiaoqiang';
9      console.log( objA.info.name );   // xiaoming
10 </script>
```

$.extend() 很强大，除了可以复制对象外，还可以利用这个工具方法实现 jQuery 插件的扩展，在

第 10 章中会详细讲解。

6.1.4　修改 this 指向

修改 this 指向是开发中很常见的一个需求，尤其是在事件、面向对象中。原生 JavaScript 提供了 bind()方法，jQuery 也提供了一个类似的工具方法，语法为：

```
$.proxy(函数,执行上下文)
```

演示代码如下所示。

```
1  <script>
2      function foo(){
3          console.log(this);     // document
4      }
5      $.proxy(foo , document)();
6  </script>
```

可以看到，this 指向了 document，$.proxy()工具方法并不会直接调用函数，而是需要再次调用才能触发函数，这种模式对于事件操作方式非常友好，只有事件被触发的时候函数才会被执行。

```
1  <script>
2      function handleToClick(){
3          console.log(this);        // document
4      }
5      $('div').click($.proxy(handleToClick,document));
6  </script>
```

$.proxy()工具方法给函数传递参数的方式也非常灵活，参数既可以添加到第一个小括号中，也可以添加到第二个小括号中，还可以组合方式传递参数。

```
1  <script>
2      function foo(n1,n2){
3          console.log(n1,n2);    // 1 2
4      }
5      $.proxy(foo , document , 1)(2);
6  </script>
```

以上代码的运行结果中，n1 对应 1，n2 对应 2。

6.1.5　解决框架冲突

为了避免与其他框架的冲突，jQuery 库本身的封装性特别好，采用$对外提供全局调用方式。但$也不是 jQuery 独有的语法，其他框架如果也使用$，还是会产生冲突。

在这种情况下，jQuery 对象提供了工具方法$.noConflict()来解决冲突问题，代码如下所示。

```
1  <script type="text/javascript" src="other_lib.js"></script>
2  <script type="text/javascript" src="jquery.js"></script>
3  <script>
```

```
4       var j = jQuery.noConflict();
5    </script>
```

6.2 AJAX 工具

AJAX 工具

AJAX（Asynchronous JavaScript And XML，异步 JavaScript 和 XML）是一种创建交互式网页应用的网页开发技术。AJAX 不是一种新的编程语言，而是使用现有标准的新方法。AJAX 可以在不重新加载整个页面的情况下，与服务器交换数据。这种异步交互的方式，使用户单击后不必刷新页面也能获取新数据。

XML 是一种古老的数据交互格式，目前多数情况下开发者会使用 JSON 数据格式来替换 XML 数据格式，所以 AJAX 也可以看作是异步 JavaScript 和 JSON。

原生 JavaScript 处理 AJAX 是比较复杂的，每一个环节都需要自己去实现。而 jQuery 对原生的 AJAX 做了很多封装，开发者不用关心内部是如何实现的，只要会对其进行应用即可，这样能够把更多的精力放到业务逻辑上。

6.2.1 $.ajax()工具方法

$.ajax()是一个通用的底层处理 AJAX 的工具方法，在方法的参数中，通过配置一个对象来实现基本的功能，相关属性说明如表 6.3 所示。

表 6.3   配置参数

属性	类型	默认值	说明
async	Boolean	true	是否异步调用
beforeSend	Function	无	发送请求前回调
cache	Boolean	true	是否缓存数据
complete	Function	无	请求完成后回调
contentType	String	application/x-www-form-urlencoded	发送内容编码类型
context	Object	无	回调函数执行上下文
data	String	无	发送到服务器的数据
dataType	String	无	预期服务器返回的数据类型
error	Function	无	请求失败时回调
global	Boolean	true	是否触发全局 AJAX 事件
jsonp	String	无	重写 JSONP 配置名字
jsonpCallback	String	随机字符串	指定 JSONP 函数名
success	Function	无	请求成功时回调
timeout	Number	无	设置请求超时时间（单位：毫秒）
type	String	GET	请求方式
url	String	当前页地址	发送请求的地址

前后端交互必须在服务器环境下进行，所以请求的 url 地址不能以 file 标识开始，必须以 http 或 https 标识开始。搭建一个服务器有很多方法，这里推荐一款集成化的工具：WAMP。它是 Windows +

Apache + MySQL + PHP 这样一个组合，只需要一键安装即可，如图 6.5 和图 6.6 所示。

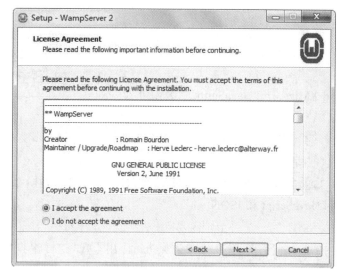

图 6.5　WAMP 工具安装过程展示

图 6.6　WAMP 工具安装成功展示

单击"Localhost"菜单项，即可打开服务器环境。单击"www 目录(W)"菜单项，可以把项目的文件放进去，这样就可以在服务器环境下访问到这些页面了。例如，www 目录下放置一个 jQuery 文件夹，添加一个 demo.html 文件，通过 http://localhost/jQuery/demo.html 即可访问到页面。

下面我们通过简单的 PHP 代码示例，来学习 jQuery 中 AJAX 技术的常见模式。

（1）发送一个 GET 请求到服务器进行数据的查询操作。

data.php 文件中的 PHP 代码如下。

```php
1  <?php
2      echo '{"username":"xiaoming","age":20}';
3  ?>
```

demo.html 文件中的 jQuery 代码如下。

```
1  <script>
2      $.ajax({
3          url : 'data.php',
4          success(data){
5              console.log(data);
6          }
7      });
8  </script>
```

运行以上代码，打开浏览器的开发者调试页面，可以看到 data 数据返回了，不过数据的类型为字符串，如图 6.7 所示。

```
{"username":"xiaoming","age":20}
> |
```

图 6.7　获取字符串类型的数据

原生 JavaScript 还需要调用 JSON.parse()方法来对数据进行转换，或者使用 jQuery 中的 $.parseJSON()工具方法，不过这些方式还是过于烦琐，在$.ajax()中只需要配置 dataType 为 json 即可，代码如下所示。

```
1  <script>
2      $.ajax({
3          url : 'data.php',
4          dataType : 'json',
5          success(data){
6              console.log(data);
7          }
8      });
9  </script>
```

运行以上代码，打开浏览器的开发者调试页面，可以看到 data 数据以 JSON 格式返回了，如图 6.8 所示。

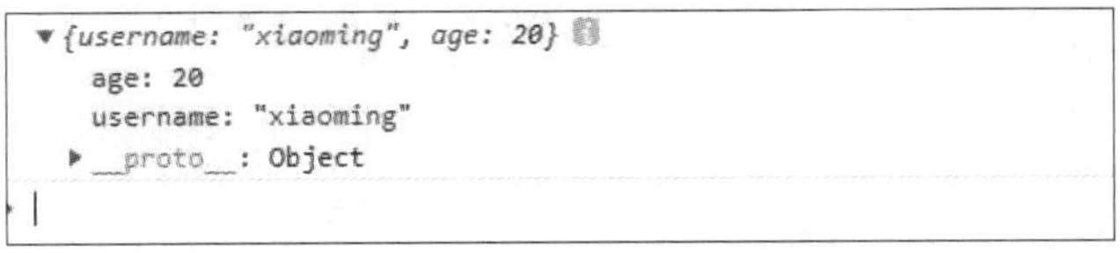

```
▼ {username: "xiaoming", age: 20} 🗄
    age: 20
    username: "xiaoming"
  ▶ __proto__ : Object
▶ |
```

图 6.8　获取对象类型的数据

（2）发送一个 POST 请求，并发送用户名和密码到服务器。

data.php 文件中的 PHP 代码如下。

```
1  <?php
2      $username = $_POST['username'];
3      $password = $_POST['password'];
4      echo '{"username":"'.$username.'","password":"'.$password.'"}';
5  ?>
```

demo.html 文件中的 jQuery 代码如下。

```
1  <script>
2      $.ajax({
3          url : 'data.php',
4          type : 'post',
5          dataType : 'json',
6          data : { username : 'xiaoming' , password : '123456' },
7          success(data){
8              console.log(data);
9          }
10     });
11 </script>
```

运行以上代码，打开浏览器的开发者调试页面可以看到 POST 提交的数据返回到前台，如图 6.9 所示。

图 6.9　POST 提交的数据返回到前台

默认情况下，在$.ajax()工具方法中做异步处理，不影响后续代码执行，代码如下所示。

```
1  <script>
2      $.ajax({
3          url : 'data.php'
4          success(){
5              console.log(123);
6          }
7      });
8      console.log(456);
9  </script>
```

运行以上代码，可以发现在$.ajax()工具方法中做了异步处理，因此，前台先打印出 456，然后打印出 123，如图 6.10 所示。

图 6.10　$.type()默认的异步操作

有时候需要将其改成同步模式，这时只要配置 async 属性为 false 即可。如果想把所有的$.type()调用的默认模式都改了呢？那就需要用到全局配置了，所有的选项都可以通过$.ajaxSetup()函数来进行全局配置。通过全局配置，所有的$.ajax()默认模式都从异步改成了同步，代码如下所示。

```
1  <script>
2      $.ajaxSetup({
3          async : false
4      });
5      $.ajax({
6          url : 'data.php',
7          success(){
8              console.log(123);
9          }
10     });
11     console.log(456);
12 </script>
```

运行以上代码，可以发现在$.ajax()工具方法中做了同步处理，前台按照顺序先打印出 123，然后打印出 456，如图 6.11 所示。

图 6.11　$.ajaxSetup()设置同步模式

6.2.2 高级接口

$.ajax()只是底层的工具方法，jQuery 还提供了一些更高级的接口，相关工具方法及说明如表 6.4 所示。

表 6.4 高级接口

工具方法	说明
$.get()	发起 GET 请求
$.post()	发起 POST 请求
$.getScript()	加载 JavaScript 文件
$.getJSON()	获取 JSON 或 JSONP 数据

在 AJAX 应用中使用最频繁的就是 GET 请求和 POST 请求。GET 请求一般用于数据的查询，而 POST 请求一般用于数据的更新、添加、删除等操作。所以 jQuery 在$.ajax()工具方法的基础上，又进行了二次封装，实现了更简易、更有针对性的接口，语法为：

```
$.get(地址,传递的数据,成功回调,数据类型);
$.post(地址,传递的数据,成功回调,数据类型);
```

data.php 文件中的 PHP 代码如下。

```
1  <?php
2      echo '{"username":"xiaoming","age":20}';
3  ?>
```

demo.html 文件中的 jQuery 代码如下。

```
1  <script>
2      $.get('data.php',function(data){
3          console.log(data);
4      },'json');
5  </script>
```

运行以上代码，打开浏览器中的开发者调试页面，可以看到前台查询到了对应信息，并以 JSON 格式打印出来，如图 6.12 所示。

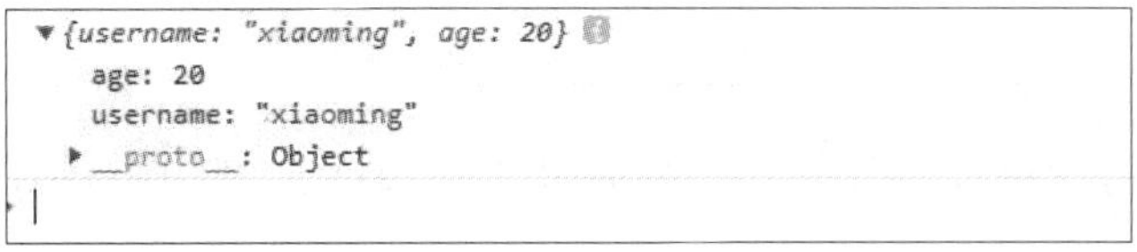

图 6.12 $.get()获取数据

data.php 文件中的 PHP 代码如下。

```
1  <?php
2      $username = $_POST['username'];
3      $password = $_POST['password'];
```

```
4        echo '{"username":"'.$username.'","password":"'.$password.'"}';
5    ?>
```

demo.html 文件中的 jQuery 代码如下。

```
1    <script>
2        $.post('data.php',{ username : 'xiaoming' , password : '123456' },function(data){
3            console.log(data);
4        },'json');
5    </script>
```

运行以上代码，可以发现使用 POST 方式在前台打印了相关信息，如图 6.13 所示。

```
▼ {username: "xiaoming", password: "123456"}
    password: "123456"
    username: "xiaoming"
  ▶ __proto__: Object
>
```

图 6.13　$.post()获取数据

$.getScript()也是在$.ajax()基础上封装的工具方法，它请求获得并运行一个 JavaScript 文件。通过 $.getScript()可以实现按需载入 JavaScript 文件，从而加快初始页面的渲染速度。其语法为：

```
$.getScript(文件地址,成功回调)
```

data.js 文件中的 JavaScript 代码如下。

```
1    $('button').css('background','red')
```

demo.html 文件中的代码如下。

```
1    <body>
2        <button>获取 JavaScript 文件</button>
3        <script>
4        $('button').click(function(){
5            $.getScript('data.js',function(data){
6                console.log(data);    // $('button').css('background','red');
7            });
8        });
9        </script>
10   </body>
```

运行以上代码，可以看到，当鼠标单击按钮时，加载 data.js 文件，按钮被添加红色背景，如图 6.14 所示。

图 6.14　$.getScript()工具方法获取代码

$.getJSON()也是在$.ajax()基础上封装的工具方法，它是专门获取 JSON 或 JSONP 数据的。JSON

是前后端重要的数据交互格式，而 JSONP 是解决 AJAX 跨域问题的一种手段，通过创建 script 标签来实现跨域获取数据。其语法为：

```
$.getJSON(文件地址,传输数据,成功回调)
```

先来看如何获取 JSON 数据。准备好 data.json 文件，代码如下。

```
1   {"username":"xiaoming","age":20}
```

demo.html 文件中的 jQuery 代码如下。

```
1   <script>
2       $.getJSON("data.json",function(result){
3           console.log(result);
4       });
5   </script>
```

运行以上代码，结果如图 6.15 所示。

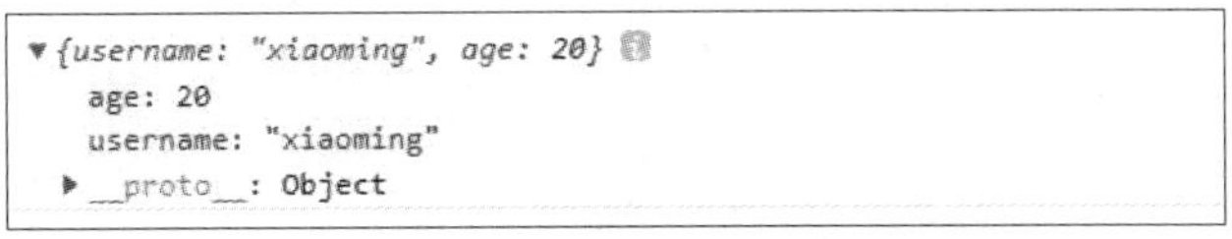

图 6.15 $.getJSON()获取 JSON 数据

再来看如何获取 JSONP 数据。准备好 data.php 文件，代码如下。

```
1   <?php
2       $callback = $_GET['callback'];
3       echo $callback.'({"username":"xiaoming","age":20})';
4   ?>
```

demo.html 文件中的 jQuery 代码如下。

```
1   <script>
2       $.getJSON("data.php?callback=?",function(result){
3           console.log(result);
4       });
5   </script>
```

运行结果如图 6.16 所示。在 jQuery 中，通过给 callback 属性指定?的方式，可创建一个随机的值，目的就是避免跟其他函数命名冲突。

图 6.16 $.getJSON()获取 JSONP 数据

6.2.3 全局事件

jQuery 提供了很多全局事件，无论调用哪个 AJAX 工具方法，如$.ajax()、$.get()、$.getJSON() 等，都会默认触发全局事件。全局事件需要绑定到 document 对象下。语法为：

$(document).全局事件(回调函数)

相关说明如表 6.5 所示。

表 6.5 全局事件

全局事件	说明
ajaxStart	AJAX 请求开始前
ajaxSend	AJAX 请求时
ajaxSuccess	AJAX 获取数据成功
ajaxComplete	AJAX 请求完成时
ajaxError	AJAX 请求出错
ajaxStop	AJAX 请求停止

演示代码如下所示。

```
1   <body>
2       <button>单击</button>
3       <script>
4       $(document)
5       .ajaxStart(function(){
6           console.log('ajaxStart');
7       }).
8       ajaxSend(function(){
9           console.log('ajaxSend');
10      })
11      .ajaxSuccess(function(){
12          console.log('ajaxSuccess');
13      })
14      .ajaxComplete(function(){
15          console.log('ajaxComplete');
16      })
17      .ajaxError(function(){
18          console.log('ajaxError');
19      })
20      .ajaxStop(function(){
21          console.log('ajaxStop');
22      });
23      $('button').click(function(){
24          $.ajax({
25              url : 'data.php',
26              success(data){
27                  console.log(data);
28              }
29          });
30      });
```

```
31      </script>
32  </body>
```

运行以上代码，结果如图 6.17 所示。

ajaxStart
ajaxSend
{"username":"xiaoming","age":20}
ajaxSuccess
ajaxComplete
ajaxStop

图 6.17　全局事件的执行顺序

这里在请求成功的情况下是不会触发 ajaxError 事件的，同理，在请求失败的时候也不会触发 ajaxSuccess 事件，而无论成功还是失败都会触发 ajaxComplete 事件。

我们通常情况下不绑定全局事件，不过全局事件也有自己的应用场景，例如，页面存在多个 AJAX 请求，但是这些 AJAX 请求都有相同的消息机制。AJAX 请求开始前显示一个提示框，提示"正在读取数据"；AJAX 请求成功时提示框显示"数据获取成功"；AJAX 请求结束后隐藏提示框。

data.php 文件中的 PHP 代码如下。

```
1  <?php
2      sleep(1);
3      echo '{"username":"xiaoming","age":20}';
4  ?>
```

demo.html 文件中的 jQuery 代码如下。

```
1  <body>
2      <button>单击</button>
3      <div id="loading"></div>
4      <script>
5      $(document)
6      .ajaxStart(function(){
7          $('#loading').html('正在读取数据');
8      })
9      .ajaxSuccess(function(){
10         $('#loading').html('数据获取成功');
11     })
12     .ajaxComplete(function(){
13         setTimeout(()=>{
14             $('#loading').hide();
15         },500);
16     })
17     $('button').click(function(){
18         $.ajax({
19             url : 'data.php',
20             success(data){
21                 console.log(data);
22             }
23         });
24     });
```

125

```
25     </script>
26  </body>
```

运行以上代码，结果如图 6.18 所示。

图 6.18　全局 loading 的实现

6.3　扩展工具

扩展工具

jQuery 还提供了一些针对字符串、数组、对象的工具方法，方便开发者对这些类型的变量进行处理。

6.3.1　字符串工具方法

- $.trim()

该工具方法用于去掉字符串的前后空格，演示代码如下所示。

```
1  <script>
2      var str = '   hello   ';
3      console.log('('+ $.trim(str) +')');
4  </script>
```

运行以上代码，结果如图 6.19 所示。

```
(hello)
>  |
```

图 6.19　$.trim()工具方法去掉前后空格

原生 JavaScript 提供了字符串的 trim()方法，不过旧的浏览器不支持，而 jQuery 内部对其进行了兼容处理，使更多的浏览器支持。

6.3.2　数组工具方法

- $.merge()

该工具方法用于合并两个数组的内容到第一个数组，演示代码如下所示。

```
1  <script>
2      var a = ['1','2','3'];
3      var b =['4','5','6'];
4      console.log( $.merge(a,b) );
5  </script>
```

运行以上代码，结果如图 6.20 所示。

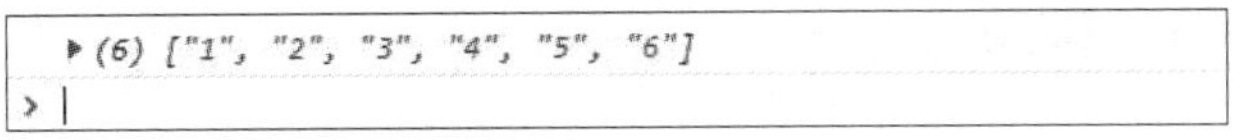

```
▶ (6) ["1", "2", "3", "4", "5", "6"]
▶ |
```

图 6.20　$.merge()工具方法合并数组

- $.map()

该工具方法用于使用指定函数处理数组中的每个元素（或对象的每个属性），并将处理结果封装为新的数组返回，演示代码如下所示。

```
1  <script>
2      var a = [1,2,3,4,5];
3      var b = $.map(a,function(v,i){
4          return v*2;
5      });
6      console.log(b);
7  </script>
```

运行以上代码，结果如图 6.21 所示。

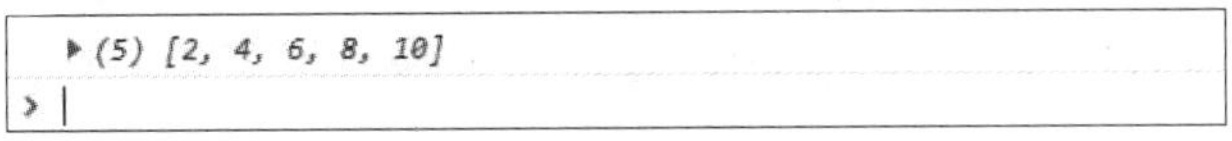

```
▶ (5) [2, 4, 6, 8, 10]
▶ |
```

图 6.21　$.map()工具方法返回新数组

原生 JavaScript 提供了数组的 map()方法，不过旧的浏览器不支持，而 jQuery 内部对其进行了兼容处理，使更多的浏览器支持。

- $.grep()

该工具方法用于按照某种条件来过滤数组，演示代码如下所示。

```
1  <script>
2      var a = [1,2,3,4,5];
3      var b = $.grep(a,function(v,i){
4          return v%2;
5      });
6      console.log(b);
7  </script>
```

运行以上代码，结果如图 6.22 所示。

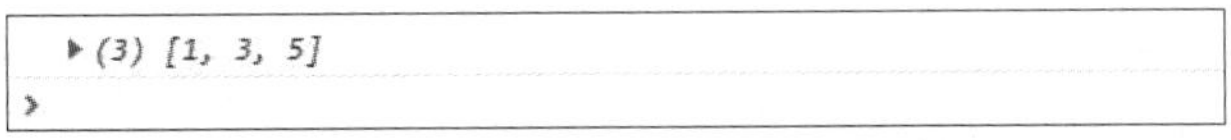

```
▶ (3) [1, 3, 5]
▶
```

图 6.22　$.grep()工具方法过滤数组

原生 JavaScript 提供了数组的类似方法，即 filter()，不过旧的浏览器不支持，而 jQuery 内部对其进行了兼容处理，使更多的浏览器支持。

- $.unique()

该工具方法用于去掉数组中重复的元素，演示代码如下所示。

```
1  <script>
2      var a = [3,1,3,4,1]
```

```
3        var b = $.unique(a);
4        console.log( b );
5  </script>
```

运行以上代码，结果如图 6.23 所示。

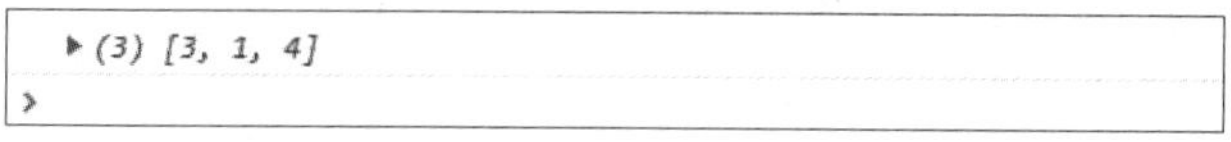

```
▶ (3) [3, 1, 4]
▶
```

图 6.23　$.unique()工具方法对数组去重

- $.inArray()

该工具方法用于在数组中查找指定值，并返回它的索引值（如果没有找到，则返回-1）。第一个参数为用于查找的值，第二个参数为指定被查找的数组，第三个参数为可选参数，指定从数组的某个索引位置开始查找，默认为 0，演示代码如下所示。

```
1  <script>
2        var a = ['red','blue','yellow','blue','black'];
3        console.log( $.inArray('blue', a) );      // 1
4        console.log( $.inArray('blue', a, 2) );   // 3
5  </script>
```

原生 JavaScript 提供了数组的类似方法，即 indexOf()，不过旧的浏览器不支持，而 jQuery 内部对其进行了兼容处理，使更多的浏览器支持。

- $.makeArray()

该工具方法用于将一个类似数组的对象转换为真正的数组对象，演示代码如下所示。

```
1  <body>
2      <ul>
3          <li></li>
4          <li></li>
5          <li></li>
6          <li></li>
7          <li></li>
8      </ul>
9      <script>
10     console.log( $.makeArray( $('li') ) );
11     </script>
12 </body>
```

运行以上代码，结果如图 6.24 所示。

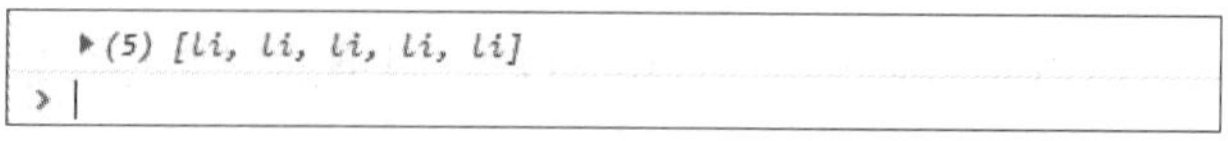

```
▶ (5) [li, li, li, li, li]
▶ |
```

图 6.24　$.makeArray()工具方法转换类型

- $.each()

该工具方法用于遍历指定的对象和数组，演示代码如下所示。

```
1  <script>
```

```
2      var a = ['red','blue','yellow'];
3      var b = { username : 'xiaoming' , age : 20 };
4      $.each(a,function(i,v){
5          console.log(i,v);
6      });
7      $.each(b,function(k,v){
8          console.log(k,v);
9      });
10  </script>
```

运行以上代码，结果如图 6.25 所示。

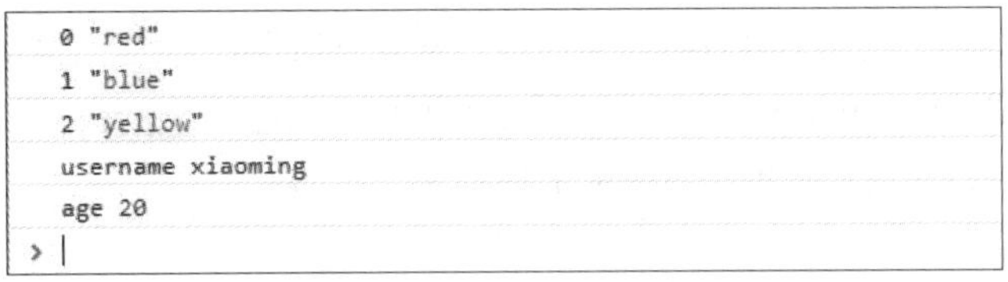

```
0 "red"
1 "blue"
2 "yellow"
username xiaoming
age 20
> |
```

图 6.25　$.each()工具方法遍历数组和对象

原生 JavaScript 提供了数组的类似方法，即 forEach()，不过旧的浏览器不支持，而 jQuery 内部对其进行了兼容处理，使更多的浏览器支持，而且还可以对对象类型进行遍历。

6.3.3　对象工具方法

- $.param()

该工具方法用于输出序列化对象的结果，演示代码如下所示。

```
1  <script>
2      var a = { username : 'xiaoming' , age : 20 };
3      console.log( $.param(a) );
4  </script>
```

运行以上代码，结果如图 6.26 所示。

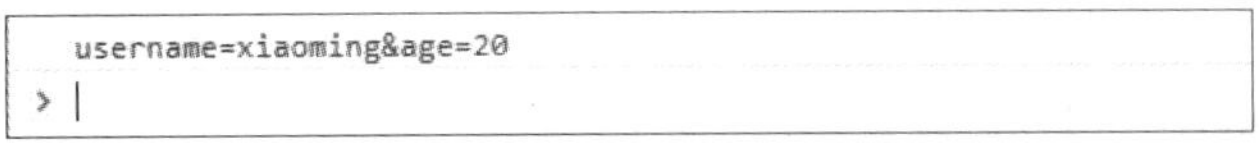

```
username=xiaoming&age=20
> |
```

图 6.26　$.param()工具方法序列化对象

$.param()工具方法一般用于 jQuery 源码内部，例如，使用$.ajax()的 data 属性时，输入对象格式的数据后，利用$.param()工具方法将其转化成序列化后的字符串，然后传输给后端。当然，直接通过 data 属性传输序列化的字符串也是可以的，这样就省略了内部的转换机制。

6.4　本章小结

通过本章的学习，读者能够了解工具方法与普通的 jQuery 方法之间的区别并简单应用，了解常见的工具方法如 AJAX 工具、对象复制、类型转换等，还能够学到专门针对一些数据类型的扩展工具方法，如去掉字符串前后空格、数组去重、格式化对象等。

6.5 习题

1. 填空题

（1）JavaScript 提供的 typeof 方法进行数据类型判断的时候，会出现很多问题，在 jQuery 中为了解决这个问题提供了一个通用方法，即_____工具方法。

（2）前端跟后端进行交互的时候，往往需要对数据的类型进行转换，使用_____工具方法可以把字符串转成对象。

（3）jQuery 提供了_____工具方法，可以进行对象的复制。

（4）为了解决框架冲突，jQuery 对象提供了一个工具方法_____。

（5）_____工具方法用于去掉字符串的前后空格。

2. 选择题

（1）下列关于 jQuery 工具方法的说法中，错误的是（　　　）。

  A. $.parseJSON()工具方法可以把字符串转成对象

  B. 复合类型的对象可以通过 typeof 方法进行数据类型判断

  C. $.ajax()是一个通用的底层处理 AJAX 的工具方法，在方法的参数中，通过配置一个对象来实现基本的功能

  D. $.get()工具方法可以发起 GET 请求

（2）下列对 AJAX 的工具方法使用不正确的是（　　　）。

  A. 使用$.get()工具方法可以发起 GET 请求

  B. 使用$.post()工具方法可以发起 GET 请求

  C. 使用$.getScript()工具方法可以加载 JavaScript 文件

  D. 使用$.getJSON()工具方法可以获取 JSON 或 JSONP 数据

（3）$.ajax()工具方法的参数中，可以通过配置一个对象实现基本的功能，相关属性说明错误的是（　　　）。

  A. async 属性可以用来指定是否异步调用

  B. beforeSend 属性可以用来发送请求前回调

  C. data 属性可以用作请求完成后的回调

  D. cache 属性可以用来指定是否缓存数据

（4）下列关于全局事件的说明中不正确的是（　　　）。

  A. ajaxSuccess 在 AJAX 请求获取数据成功时触发

  B. ajaxComplete 在 AJAX 请求完成时触发

  C. ajaxError 在 AJAX 请求发生异常时触发

  D. ajaxStop 在 AJAX 请求停止后触发

（5）下列选项中，说法正确的是（　　　）。

  A. $.merge()工具方法用于合并两个数组的内容到第一个数组

  B. $.map()工具方法用于使用指定函数处理数组中的每个元素，并直接返回结果

　　C.　$.makeArray()工具方法用于输出序列化对象的结果

　　D.　$.param()工具方法用于将一个类似数组的对象转换为真正的数组对象

3.　思考题

怎样改变 jQuery 实践中 this 绑定的指向？

4.　编程题

发送一个 GET 请求到服务器进行数据的查询操作，并将查询到的结果以 JSON 格式返回。

第 7 章　jQuery 动画

本章学习目标

- 了解动画相关的高级内容
- 掌握基础动画的使用方法
- 掌握自定义动画的使用方法

　　众所周知，下拉菜单、图片轮播、浮动广告是一些网站中常见的动画效果。使用动画效果可提升用户体验，提高用户对网页的使用率。然而使用原生 JavaScript 实现动画是非常复杂的，要考虑到动画的类型、性能、兼容等一系列问题。而 jQuery 对原生动画进行了二次封装处理，提供了大量动画相关的方法，从而方便了网页中动画特效的实现。本章将带领大家学会使用这些特效功能。

7.1　动画基础

动画基础

　　jQuery 专门提供了一些只针对某一种动画的方法，如淡入/淡出、展开/收缩等效果。这些方法让开发动画变得非常简单。

　　jQuery 中的动画实现与 CSS3 中的动画实现类似，都是利用时间的长短来决定元素运动的快慢。

7.1.1　显示/隐藏

- show()和 hide()

　　前面已经介绍过 show()方法和 hide()方法的使用，它们用于元素的显示和隐藏操作。在对元素进行显示或隐藏的时候，也可以添加动画效果，语法为：

```
$(当前元素).show(持续时间);
$(当前元素).hide(持续时间);
```

"持续时间"参数表示运动持续的时间，有两种设置方式，分别为添加数值和添加单词。如果参数选用数值，则该数值为运动时间的毫秒数；如果参数选用单词，则只有 fast、 normal、 slow 这三个可选的单词，分别对应毫秒数 200、400、600。所以 show(400)跟 show('normal')的效果是相同的。

show()、hide()的运动形式为元素 width（宽度）、height（高度）、opacity（透明度）的变化。show()是从宽度 0、高度 0、透明度 0 运动到当前宽度、当前高度、透明度 1，hide()则与 show()正好相反。演示代码如下所示。

```
1  <style>
2      #box1,#box2{ width:100px; height:100px;background:red; display: none;}
3  </style>
4  <body>
5      <div id="box1">第一个块</div>
6      <div id="box2">第二个块</div>
7      <script>
8      $('#box1').show(1000);
9      $('#box2').show('fast');
10     </script>
11 </body>
```

运行以上代码，从网页中展示的效果可以看到，第一个块运动了 1000 毫秒，第二个块运动了 200毫秒，如图 7.1 所示。

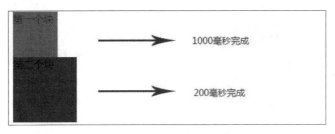

图 7.1　show()方法显示元素

- toggle()

如果希望对一个元素进行显示和隐藏的切换操作，可以利用一个开关变量控制切换，代码如下所示。

```
1  <style>
2      #box{ width:100px; height:100px;background:red; }
3  </style>
4  <body>
5      <button id="btn">单击</button>
6      <div id="box">这是个块</div>
7      <script>
8      var flag = false;
9      $('#btn').click(function(){
10         if(flag){
11             $('#box').show(3000);
12         }
13         else{
```

```
14                $('#box').hide(3000);
15           }
16           flag = !flag;
17      });
18      </script>
19 </body>
```

运行以上代码可以看到切换效果，如图 7.2 所示。

图 7.2　显示和隐藏切换操作

不过这种方式比较复杂，jQuery 专门提供了一个 toggle()方法来实现智能的 show()、hide()切换操作，代码如下所示。

```
1  <style>
2      #box{ width:100px; height:100px;background:red; }
3  </style>
4  <body>
5      <button id="btn">单击</button>
6      <div id="box">这是个块</div>
7      <script>
8      $('#btn').click(function(){
9          $('#box').toggle(3000);
10     });
11     </script>
12 </body>
```

运行以上代码可以知道，程序会根据元素当前的显示状态自动调用 show()或 hide()。

7.1.2　animate()方法

animate()是用来实现 jQuery 中自定义动画的方法，该方法有四个参数，语法为：

```
$(当前元素).animate({对象}, [时间], [形式], [回调]);
```

除了第一个参数为必选项外，后面三个参数都是可选的。第一个参数规定产生动画效果的 CSS 样式和值，演示代码如下所示。

```
1  <style>
2      #box{ width:100px; height:100px; background:red; position: absolute; left:0; }
3  </style>
4  <body>
5      <div id="box"></div>
```

```
6      <script>
7          $('#box').animate({
8              width : '200px',
9              left : '100px'
10         });
11     </script>
12  </body>
```

运行以上代码，在网页中可以看到，元素的 left 值运动到了 100 像素，width 值运动到了 200 像素，并且 left 和 width 是同时运动的，如图 7.3 所示。

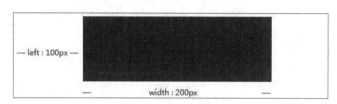

图 7.3　animate()方法执行动画

在设置目标值的时候，可以填写完整数量，也可以省略单位，jQuery 默认会添加上 px（像素）作为单位。

第二个参数规定动画的速度，默认是 normal，即 400 毫秒，所以在上一个示例中运动的时间为 400 毫秒。可能的值：数值（单位：毫秒）、fast、normal、slow。

```
1  <script>
2      $('#box').animate({
3          width : '200px',
4          left : '100px'
5      },1000);
6  </script>
```

运行以上代码，效果与图 7.3 相同，只不过运动持续的时间为 1 秒。

第三个参数规定了动画的形式，默认是 swing，即缓冲的慢—快—慢形式。可能的值：swing、linear（匀速）。

```
1  <style>
2      #box1,#box2{ width:100px; height:100px; background:red; position: absolute; left:0;}
3      #box2{ top:120px;}
4  </style>
5  <body>
6      <div id="box1">第一个块</div>
7      <div id="box2">第二个块</div>
8      <script>
9          $('#box1').animate({ left : 300 } , 1000 , 'swing');
10         $('#box2').animate({ left : 300 } , 1000 , 'linear');
11     </script>
12  </body>
```

运行以上代码，动画过程如图 7.4 所示。

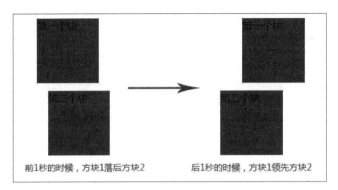

图 7.4　animate()方法执行动画

第四个参数规定动画结束后的回调函数，代码如下所示。

```
1  <script>
2      $('#box').animate({
3          width : '200px',
4          left : '100px'
5      },1000,function(){
6          console.log('动画结束');
7      });
8  </script>
```

运行以上代码，在动画结束的时候浏览器的开发者调试页面会输出"动画结束"字样。

animate()方法还可以对当前样式进行累加（减）运算操作。例如，连续单击一个按钮，可以在当前值上进行累加（减），实现元素位置的不断变化，演示代码如下所示。

```
1  <style>
2      #box{ width:100px; height:100px; background:red; position: absolute; left:0;}
3  </style>
4  <body>
5      <button id="btn">单击</button>
6      <div id="box"></div>
7      <script>
8      $('#btn').click(function(){
9          $('#box').animate({
10             left : '+=100'
11         });
12     });
13     </script>
14 </body>
```

运行以上代码，可以看见浏览器页面中有一个按钮和一个红色方块，每单击一次按钮，方块就会向右移动 100 像素，运动效果如图 7.5 所示。

animate()方法中的多个数值运动采用同时运动的模式。如果想实现先执行一组值的运动再执行下一组值的运动，可以采用链式调用，即调用多个 animate()方法，具体代码如下所示。

```
1  <script>
2      $('#btn').click(function(){
```

```
3          $('#box').animate({
4              width : 200
5          },1000).animate({
6              left : 100
7          },1000);
8      });
9 </script>
```

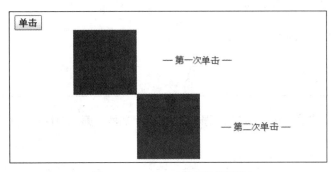

图 7.5　animate()方法的数值运算

　　运行以上代码，单击浏览器页面中呈现的按钮，可以发现红色方块先将宽度过渡至 200 像素，再向右移动 100 像素，这就是链式运动操作，如图 7.6 所示。当然还可以继续链式添加多个 animate() 方法，每个 animate() 方法都会被推入动画队列，队列中的动画会依次执行。

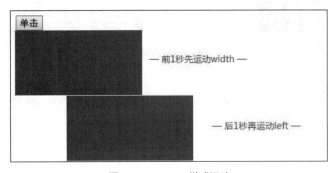

图 7.6　animate()链式运动

7.1.3　淡入/淡出

- .fadeIn()和 fadeOut()

它们用于元素的淡入和淡出操作。参数表示运动持续的时间，可设置为毫秒数或单词，可选单词与 show()方法相同。不写参数时，默认运动持续的时间为 400 毫秒，所以 fadeIn()和 fadeIn('normal')、fadeIn(400)是等价的。

fadeIn()、fadeOut()的运动形式为元素 opacity（透明度）的变化。fadeIn()是从透明度 0 运动到透明度 1，fadeOut()则与 fadeIn()正好相反。其语法为：

```
$(当前元素).fadeIn([持续时间]);
$(当前元素).fadeOut([持续时间]);
```

演示代码如下所示。

```
1  <style>
2      #box1,#box2{ width:100px; height:100px;background:red; display: none;}
3  </style>
4  <body>
5      <div id="box1">第一个块</div>
6      <div id="box2">第二个块</div>
7      <script>
8  $('#box1').fadeIn(1000);
9  $('#box2').fadeIn('fast');
10     </script>
11 </body>
```

运行以上代码可以看到，第一个块运动时长为 1000 毫秒，第二个块运动时长为 200 毫秒，淡入的瞬间效果如图 7.7 所示。

图 7.7　淡入操作

- fadeToggle()

jQuery 同样提供了一个智能的 fadeToggle()方法，它会根据元素当前的显示状态自动调用 fadeIn()
或 fadeOut()，演示代码如下所示。

```
1  <style>
2      #box{ width:100px; height:100px;background:red; }
3  </style>
4  <body>
5      <button id="btn">单击</button>
6      <div id="box">这是个块</div>
7      <script>
8  $('#btn').click(function(){
9          $('#box').fadeToggle(3000);
10     });
11     </script>
12 </body>
```

运行以上代码，单击浏览器页面中的按钮，会发现红色的方块慢慢消失，再次单击，红色方块
又会缓慢重新展示出来，如图 7.8 所示。

图 7.8　淡入和淡出切换操作

7.1.4　展开/收缩

- slideDown()和 slideUp()

它们用于元素的展开和收缩操作。参数表示运动持续的时间，可设置为毫秒数或单词，可选单词与 show()方法相同。不写参数时，默认运动持续的时间为 400 毫秒，所以 slideDown()和 slideDown('normal')、slideDown(400)是等价的。

slideDown()、slideUp()的运动形式为元素 height（高度）的变化。slideDown()是从高度 0 运动到当前高度，slideUp()则与 slideDown()正好相反。其语法为：

```
$(当前元素).slideDown([持续时间]);
$(当前元素).slideUp([持续时间]);
```

演示代码如下所示。

```
1  <style>
2      #box1,#box2{ width:100px; height:100px;background:red; display: none;}
3  </style>
4  <body>
5      <div id="box1">第一个块</div>
6      <div id="box2">第二个块</div>
7      <script>
8      $('#box1').slideDown(1000);
9      $('#box2').slideDown('fast');
10     </script>
11 </body>
```

运行以上代码，可以看到，第一个块运动了 1000 毫秒，第二个块运动了 200 毫秒，如图 7.9 所示。

图 7.9　展开操作

- slideToggle()

jQuery 同样提供了一个智能的 slideToggle()方法，它会根据元素当前的显示状态自动调用

slideDown()或 slideUp()，演示代码如下所示。

```
1  <style>
2      #box{ width:100px; height:100px;background:red; }
3  </style>
4  <body>
5      <button id="btn">单击</button>
6      <div id="box">这是个块</div>
7      <script>
8      $('#btn').click(function(){
9          $('#box').slideToggle(3000);
10     });
11     </script>
12 </body>
```

运行以上代码，单击浏览器页面中的按钮，会发现红色的方块慢慢收缩，再次单击，红色方块又会缓慢重新展开，如图 7.10 所示。

图 7.10　展开和收缩切换操作

7.2　自定义动画

自定义动画

7.1 节介绍了一些固定模式下的方法，它们可以在网页中实现一些简单的动画效果。如果想做出更加复杂的动画或是按照自己的想法实现动画，就需要用到自定义动画了。

7.2.1　delay()方法

delay()方法用于延迟执行动画，参数为要延迟的时间，单位为毫秒，语法为：

```
delay(延迟时间).animate();
```

演示代码如下所示。

```
1  <script>
2      $('#btn').click(function(){
3          $('#box').delay(2000).animate({
4              width : 200
5          });
6      });
```

```
7   </script>
```

运行以上代码，延迟 2 秒执行改变宽度动画。也可以把延迟操作添加到链式运动中，演示代码如下所示。

```
1   <script>
2       $('#btn').click(function(){
3           $('#box').animate({
4               width : 200
5           }).delay(2000).animate({
6               left : 200
7           });
8       });
9   </script>
```

运行以上代码，先执行改变宽度动画，然后延迟 2 秒执行改变左距离动画。

7.2.2 stop()、finish()方法

stop()和 finish()这两个方法都用于停止动画。stop()语法为：

```
$(当前元素).stop(stopAll,goToEnd);
```

stop()方法有两个可选的布尔值类型的参数，分别表示停止后续所有动画和停止到指定目标点。不添加任何参数的时候，默认停止到当前，并不会影响后续动画的执行，演示代码如下所示。

```
1   <body>
2       <button id="btn">单击</button>
3       <button id="stop">停止</button>
4       <div id="box"></div>
5       <script>
6       $('#btn').click(function(){
7           $('#box').animate({
8               width : 200
9           },2000).animate({
10              left : 200
11          },2000);
12      });
13      $('#stop').click(function(){
14          $('#box').stop();
15      });
16      </script>
17  </body>
```

运行以上代码，在 box 元素改变宽度的时候，单击"停止"按钮，只会停止改变宽度动画，并不会影响改变左距离动画。

当第一个参数为 true 时，可以停止后续的所有动画，演示代码如下所示。

```
1   <script>
2   //略
```

```
3  $('#stop').click(function(){
4              $('#box').stop(true);
5      });
6  </script>
```

stop()方法添加 true 参数后，还是在 box 元素改变宽度的时候去单击"停止"按钮，这时会停止后续所有的动画执行，当再次单击按钮时，继续执行后续动画。

当第二个参数为 true 时，可以停止当前的动画，直接展示最终目标，代码如下所示。

```
1  <script>
2  //略
3  $('#stop').click(function(){
4              $('#box').stop(true , true);
5      });
6  </script>
```

stop()方法添加第二个 true 参数后，还是在 box 元素改变宽度的时候去单击"停止"按钮，宽度会立即跳转到目标值，但是后续的动画不会受到任何影响，如图 7.11 所示。

图 7.11　stop()方法的操作

finish()方法和 stop()方法的区别是，当调用 finish()方法时可以让所有的值都跳转到对应的目标，演示代码如下所示。

```
1  <script>
2  //略
3  $('#stop').click(function(){
4              $('#box').finish();
5      });
6  </script>
```

运行以上代码，可以看到，在 box 元素改变宽度的时候，单击停止按钮，会直接跳转到最终画面，即宽度为 200 像素，左距离为 200 像素，如图 7.12 所示。

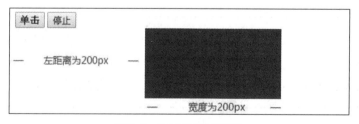

图 7.12　finish()方法的操作

7.3 动画高级用法

在 jQuery 中我们还可以扩展出一些跟动画相关的高级用法，接下来带领大家深入了解。

7.3.1 动画队列

如果给一个元素分别添加多个 animate() 动画，会怎么样呢？演示代码如下所示。

```
1  <body>
2      <div id="box"></div>
3      <script>
4          $('#box').animate({width:200});
5          $('#box').animate({height:200});
6          $('#box').animate({left:200});
7      </script>
8  </body>
```

运行以上代码，会发现动画效果跟链式调用产生的动画效果相同，先执行宽度动画再执行左距离动画，而不会出现宽度和左距离同时改变的情况。

如果按照原生 JavaScript 去考虑上面的代码，会认为动画是一个异步操作，当多个动画被调用时，应该同时执行。但实际效果却是按顺序执行，这是因为 jQuery 在源码内部做了一个动画队列，将多个 animate() 存储到这个队列中，然后队列中每个动画按顺序执行。

理解了动画队列的概念后，我们来看一些特殊操作中的队列问题，演示代码如下所示。

```
1  <body>
2      <div id="box"></div>
3      <script>
4          $('#box').hover(function(){
5              $(this). animate({
6                  width : 200,
7                  height : 200
8              });
9          },function(){
10             $(this). animate({
11                 width : 100,
12                 height : 100
13             });
14         });
15     </script>
16 </body>
```

用鼠标指针快速多次移入移出方块，会产生多个 animate() 动画，它们被添加到动画队列中，依次执行完毕后方可停止。下面来看如何解决这个问题。可以在每次调用 animate() 动画前，先把上一次的动画停止，再开启新的动画。

```
1  <body>
2      <div id="box"></div>
3      <script>
```

```
4              $('#box').hover(function(){
5                  $(this).stop().animate({
6                      width : 200,
7                      height : 200
8                  });
9              },function(){
10                 $(this).stop().animate({
11                     width : 100,
12                     height : 100
13                 });
14             });
15     </script>
16 </body>
```

7.3.2 关闭动画与判断动画

jQuery.fx.off 属性设置为 true 时，可以关闭页面中所有的动画效果，演示代码如下所示。

```
1 <body>
2     <div id="box"></div>
3     <script>
4         jQuery.fx.off = true;
5         $('#box').animate({width:200});
6         $('#box').animate({height:200});
7         $('#box').animate({left:200});
8     </script>
9 </body>
```

运行以上代码，没有任何动画效果，元素停留在目标位置。

is(':animated') 判断当前元素是否处于动画状态，演示代码如下所示。

```
1  <body>
2      <button id="btn">单击</button>
3      <div id="box"></div>
4      <script>
5          $('#box').animate({ width : 300 },2000);
6          $('#btn').click(function(){
7              console.log( $('#box').is(':animated')  );
8          });
9      </script>
10 </body>
```

运行以上代码，在元素运动过程中单击“单击”按钮会打印出 true，当元素停止在目标位置时，再单击“单击”按钮会打印出 false。

合理地利用判断动画的方式，可以在一定时间内对动画进行节流操作，避免多次触发 animate() 动画。

7.3.3 扩展 Tween 算法

Tween 算法是一套来自于 Flash 的运动算法，后来在其他很多语言中都有实现，在 JavaScript 中也可以利用 Tween 算法来得到其他运动形式，演示代码如下所示。

```
1       var Tween = {
2       linear: function (t, b, c, d){   //匀速
3           return c*t/d + b;
4       },
5       easeIn: function(t, b, c, d){   //加速曲线
6           return c*(t/=d)*t + b;
7       },
8       easeOut: function(t, b, c, d){   //减速曲线
9           return -c *(t/=d)*(t-2) + b;
10      },
11      easeBoth: function(t, b, c, d){   //加速减速曲线
12          if ((t/=d/2) < 1) {
13              return c/2*t*t + b;
14          }
15          return -c/2 * ((--t)*(t-2) - 1) + b;
16      },
17      easeInStrong: function(t, b, c, d){   //加加速曲线
18          return c*(t/=d)*t*t*t + b;
19      },
20      easeOutStrong: function(t, b, c, d){   //减减速曲线
21          return -c * ((t=t/d-1)*t*t*t - 1) + b;
22      },
23      easeBothStrong: function(t, b, c, d){   //加加速减减速曲线
24          if ((t/=d/2) < 1) {
25              return c/2*t*t*t*t + b;
26          }
27          return -c/2 * ((t-=2)*t*t*t - 2) + b;
28      },
29      elasticIn: function(t, b, c, d, a, p){   //正弦衰减曲线（弹动渐入）
30          if (t === 0) {
31              return b;
32          }
33          if ( (t /= d) == 1 ) {
34              return b+c;
35          }
36          if (!p) {
37              p=d*0.3;
38          }
39          if (!a || a < Math.abs(c)) {
40              a = c;
41              var s = p/4;
42          } else {
43              var s = p/(2*Math.PI) * Math.asin (c/a);
44          }
45          return -(a*Math.pow(2,10*(t-=1)) * Math.sin( (t*d-
46      s)*(2*Math.PI)/p )) + b;
47      },
48      elasticOut: function(t, b, c, d, a, p){    //正弦增强曲线（弹动渐出）
49          if (t === 0) {
50              return b;
51          }
52          if ( (t /= d) == 1 ) {
53              return b+c;
```

```
54              }
55          if (!p) {
56              p=d*0.3;
57          }
58          if (!a || a < Math.abs(c)) {
59              a = c;
60              var s = p / 4;
61          } else {
62              var s = p/(2*Math.PI) * Math.asin (c/a);
63          }
64          return a*Math.pow(2,-10*t) * Math.sin( (t*d-s)*(2*Math.PI)/p ) +
65  c + b;
66      },
67      elasticBoth: function(t, b, c, d, a, p){
68          if (t === 0) {
69              return b;
70          }
71          if ( (t /= d/2) == 2 ) {
72              return b+c;
73          }
74          if (!p) {
75              p = d*(0.3*1.5);
76          }
77          if ( !a || a < Math.abs(c) ) {
78              a = c;
79              var s = p/4;
80          }
81          else {
82              var s = p/(2*Math.PI) * Math.asin (c/a);
83          }
84          if (t < 1) {
85              return - 0.5*(a*Math.pow(2,10*(t-=1)) *
86                  Math.sin( (t*d-s)*(2*Math.PI)/p )) + b;
87          }
88          return a*Math.pow(2,-10*(t-=1)) *
89              Math.sin( (t*d-s)*(2*Math.PI)/p )*0.5 + c + b;
90      },
91      backIn: function(t, b, c, d, s){       //回退加速（回退渐入）
92          if (typeof s == 'undefined') {
93              s = 1.70158;
94          }
95          return c*(t/=d)*t*((s+1)*t - s) + b;
96      },
97      backOut: function(t, b, c, d, s){
98          if (typeof s == 'undefined') {
99              s = 3.70158;  //回缩的距离
100         }
101         return c*((t=t/d-1)*t*((s+1)*t + s) + 1) + b;
102     },
103     backBoth: function(t, b, c, d, s){
104         if (typeof s == 'undefined') {
105             s = 1.70158;
106         }
107         if ((t /= d/2 ) < 1) {
108             return c/2*(t*t*(((s*=(1.525))+1)*t - s)) + b;
```

```
109              }
110              return c/2*((t-=2)*t*(((s*=(1.525))+1)*t + s) + 2) + b;
111          },
112          bounceIn: function(t, b, c, d){    //弹球减振（弹球渐出）
113              return c - Tween['bounceOut'](d-t, 0, c, d) + b;
114          },
115          bounceOut: function(t, b, c, d){
116              if ((t/=d) < (1/2.75)) {
117                  return c*(7.5625*t*t) + b;
118              } else if (t < (2/2.75)) {
119                  return c*(7.5625*(t-=(1.5/2.75))*t + 0.75) + b;
120              } else if (t < (2.5/2.75)) {
121                  return c*(7.5625*(t-=(2.25/2.75))*t + 0.9375) + b;
122              }
123              return c*(7.5625*(t-=(2.625/2.75))*t + 0.984375) + b;
124          },
125          bounceBoth: function(t, b, c, d){
126              if (t < d/2) {
127                  return Tween['bounceIn'](t*2, 0, c, d) * 0.5 + b;
128              }
129              return Tween['bounceOut'](t*2-d, 0, c, d) * 0.5 + c*0.5 + b;
130          }
131      }
```

可以看到，tween 中也是使用 t、b、c、d 来表示运动公式的，这样就可以直接把 tween 算法融入 jQuery 动画。这需要利用 jQuery 下的 $.extend() 方法来实现，这个方法在前面介绍过，用于复制对象，其实除了复制对象外，还可以利用它实现 jQuery 插件的扩展。后面章节中我们会详解介绍插件的使用方法。

还要注意，在 jQuery 中，是通过 jQuery.easing 对象来实现扩展的，并且 jQuery. easing 对象下的方法都包含五个参数，所以，为了匹配，Tween 中需要添加一个占位的参数 p，变成五个参数 p、t、b、c、d。第三个参数设置不同值，可产生不同的运动形式，如弹跳、碰撞等，演示代码如下所示。

```
1  <body>
2      <button id="btn">单击</button>
3      <div id="box"></div>
4      <script>
5          $.extend(jQuery.easing , Tween);
6          $('#box').animate({ width : 300 , height : 300 },2000 , 'bounceIn');
7      </script>
8  </body>
```

7.4　本章小结

通过本章的学习，读者能够掌握 jQuery 中动画的实现方式，包括常见的动画形式和使用方法。除了常规动画外，还应当掌握如何自定义动画，实现更加复杂的需求。

7.5 习题

1. 填空题

（1）jQuery 专门提供了一个_____方法来实现智能的 show()、hide() 切换操作。

（2）_____是用来实现 jQuery 中自定义动画的方法，该方法有四个参数。

（3）_____方法和_____方法用于元素的淡入和淡出操作。

（4）_____方法和_____方法用于元素的展开和收缩操作。

（5）_____方法用于延迟执行动画，参数为要延迟的时间，单位为毫秒。

2. 选择题

（1）下列对 animate() 方法的描述中，错误的是（　　）。

    A. animate() 是用来实现 jQuery 中自定义动画的方法

    B. 该方法有四个参数，四个参数都是可选的

    C. animate() 方法的第二个参数规定动画的速度，默认是 normal，即 400 毫秒

    D. 如果想实现先执行一组值的运动，再执行下一组值的运动，可以采用链式调用，即调用多个 animate() 方法

（2）下列关于自定义动画的说法中不正确的是（　　）。

    A. delay() 方法有两个可选的布尔值类型的参数，分别表示停止后续所有动画和停止到指定目标点

    B. delay() 方法用于延迟执行动画，参数为要延迟的时间，单位为毫秒

    C. stop() 和 finish() 这两个方法都用于停止动画

    D. finish() 方法和 stop() 方法的区别是当调用 finish() 方法时可以让所有的值都跳转到对应的目标

（3）可以实现元素的展开和收缩效果的方法是（　　）。

    A. stop()、finish()

    B. fadeIn()、fadeOut()

    C. animate()、fadeToggle()

    D. slideDown()、slideUp()

（4）下列关于自定义动画的说法中不正确的是（　　）。

    A. stop() 方法有两个可选的布尔值类型的参数，分别表示停止后续所有动画和停止到指定目标点

    B. 当 stop() 方法添加第二个参数 true 时，后续的动画是不会受到任何影响的

    C. 当 stop() 方法第一个参数为 true 时，可以停止当前的动画，直接展示最终目标

    D. 当 stop() 方法第二个参数为 true 时，可以停止当前的动画，直接展示最终目标

（5）下列选项中，说法正确的是（　　）。

    A. slideDown()、slideUp() 的运动形式为元素 width（宽度）的变化

    B. jQuery 专门提供了一个 toggle() 方法来实现智能的 show()、hide() 切换操作

    C. delay() 方法用于延迟执行动画，参数为要延迟执行的模块元素

　　D.　不能使用 animate()方法给一个元素添加多个动画

　3.　思考题

　　原生 JavaScript 认为动画是一个异步操作，当多个动画被调用时，应该同时执行，jQuery 如何解决这个问题？

　4.　编程题

　　编写一个能够做到隐藏、显示、隐藏显示切换、淡入、淡出、淡入淡出切换的文本内容动画，如图 7.13 所示。

图 7.13　动画效果展示界面

第 8 章 jQuery 特效实战

本章学习目标

- 掌握网页中常见特效的实现方法
- 掌握前端与用户交互效果的实现方法
- 掌握利用 jQuery 实现动画特效的方法

通过前面章节的学习，大家已经对 jQuery 的常见语法有了一定的了解。合理地利用 jQuery 库进行特效开发，会比使用原生 JavaScript 进行特效开发节省更多的资源，而且能够提高代码效率，具有保证兼容性、提高性能等优点。接下来我们将通过实际项目中的案例带领大家感受 jQuery 的强大之处。

8.1 交互特效

先来看一下利用 jQuery 如何开发常见的交互特效。这些特效都是网页中常见的效果，学会一些基本思路后，可以举一反三，实现更多类似的效果。

8.1.1 星级评分

很多网站都有对产品的评价功能，一般采用的形式是"星级评分"，图 8.1 所示为豆瓣电影中的星级评分。

![想看 看过 评价：★★★★☆ 推荐 / ♡ 写短评 / ✎ 写影评 / ＋ 提问题 / 分享到 ▾]

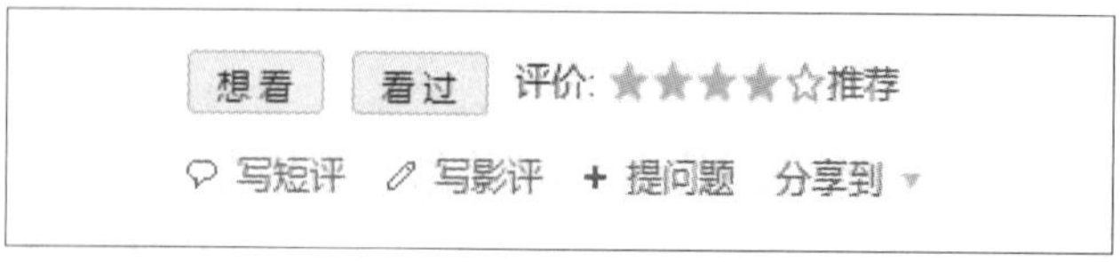

图 8.1　豆瓣电影中的星级评分

星级评分需求说明如下。

（1）鼠标指针移到相应的星星上，根据当前星星的位置来决定选中的效果，例如，鼠标指针移到第三颗星星，那么前三颗星星被选中，鼠标指针移到第四颗星星，那么前四颗星星被选中。

（2）当鼠标单击指定星星时，状态被锁定，并且显示评分结果。

（3）当鼠标指针再次移入，又可以重新进行评分操作。

首先准备好图 8.2 所示的两张图片，左侧图片表示已选中的星星，右侧图片表示未选中的星星。

图 8.2　星级评分素材图片

图片准备好后就开始构建图片的结构，具体代码如下所示。

```
1  <style>
2  *{ margin:0; padding:0;}
3  div{ line-height: 35px;}
4  li{ width:24px; height:24px; background:url(star-off-big.png) no-repeat; float:left;
list-style:none; margin:5px; cursor: pointer; }
5  </style>
6  <body>
7      <div>
8          <ul>
9              <li></li>
10             <li></li>
11             <li></li>
12             <li></li>
13             <li></li>
14         </ul>
15         <span></span>
16     </div>
17 </body>
```

运行以上代码，效果如图 8.3 所示。

图 8.3　星级评分基本结构与布局

要实现需求（1），可以用 jQuery 的 index()方法获取当前的索引值，利用索引值来区分选中元素之前的部分和选中元素之后的部分，再通过 slice()方法分割前段和后段，具体代码如下所示。

```
1  <script>
2      var oldIndex = -1;
3      $('li').mouseover(function(){
4              var index = $(this).index();
5              $('li').slice(0,index+1).css('background-image','url(star-on-big.png)');
6              $('li').slice(index+1).css('background-image','url(star-off-big.png)');
7      }).mouseout(function(){
8              $('li').slice(0,oldIndex+1).css('background-image','url(star-on-big.png)');
9              $('li').slice(oldIndex+1).css('background-image','url(star-off-big.png)');
10     });
11 </script>
```

运行以上代码，效果如图 8.4 所示。

图 8.4　星级评分鼠标指针滑过效果

当鼠标指针快速滑过元素时，会出现闪烁现象，因为鼠标指针从一个元素移到另一个元素时，会触发短暂的 mouseout 事件。这种问题可以利用 clearTimeout() 的延迟特性来解决。

```
1   <script>
2       var oldIndex = -1;
3       var timer = null;
4       $('li').mouseover(function(){
5               clearTimeout(timer);
6               var index = $(this).index();
7               $('li').slice(0,index+1).css('background-image','url(star-on-big.png)');
8               $('li').slice(index+1).css('background-image','url(star-off-big.png)');
9       }).mouseout(function(){
10              timer = setTimeout(function(){
11                  $('li').slice(0,oldIndex+1).css('background-image','url(star-on-big.png)');
12                  $('li').slice(oldIndex+1).css('background-image','url(star-off-big.png)');
13              },200);
14      });
15  </script>
```

要实现需求（2）和需求（3），可以利用变量 oldIndex，当鼠标单击时，设置 oldIndex 值，以记录单击的位置。

数据可利用一个 JSON 对象来模拟，并配合索引完成功能，下面是完整的 jQuery 代码。

```
1   <script>
2       var data = [{
3           score : 1,
4           text : '很差'
5       },{
6           score : 2,
7           text : '较差'
8       },{
9           score : 3,
10          text : '还行'
11      },{
12          score : 4,
13          text : '推荐'
14      },{
15          score : 5,
16          text : '力荐'
17      }];
18      var oldIndex = -1;
19      var timer = null;
20      $('li').mouseover(function(){
21              clearTimeout(timer);
22              var index = $(this).index();
```

```
23              $('li').slice(0,index+1).css('background-image','url(star-on-big.png)');
24              $('li').slice(index+1).css('background-image','url(star-off-big.png)');
25              $('span').html( data[index].text );
26          }).mouseout(function(){
27              timer = setTimeout(function(){
28                      $('li').slice(0,oldIndex+1).css('background-image','url(star-
                        on-big.png)');
29                      $('li').slice(oldIndex+1).css('background-image','url(star-
                        off-big.png)');
30              },200);
31          }).click(function(){
32              oldIndex = $(this).index();
33          });
34  </script>
```

运行以上代码，可以发现当鼠标单击第三颗星时，会出现图 8.5 所示效果。

图 8.5　星级评分鼠标单击后效果

8.1.2　内容穿梭框

很多管理后台系统都有内容穿梭框的功能需求，图 8.6 所示为某管理后台的内容穿梭框效果。

需求说明如下。

（1）单击左侧框或右侧框中的列表项，实现选中状态；再次单击，取消选中状态。

（2）单击向右按钮，可以把左侧框中选中的列表项添加到右侧框中；单击向左按钮，可以把右侧框中选中的列表项添加到左侧框中。

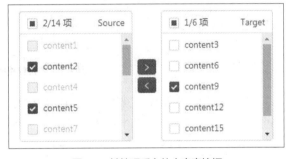

图 8.6　某管理后台的内容穿梭框

首先完成页面结构和布局，代码如下所示。

```
1   <style>
2   *{ margin:0; padding:0;}
3   #container{ margin:20px;}
4   #container ul{ width:200px; height:200px; overflow: auto; border:1px #000 solid; float:left;}
5   #container li{ cursor:pointer; list-style: none; padding:5px;}
6   #container li.active{ background:red;}
7   #container div{ float:left; width:50px; margin-top: 50px;}
8   #container button{ display: block; width:100%; margin-bottom: 30px;}
9   #container button.active{ background:red;}
10  </style>
11  <body>
12      <div id="container">
13          <ul id="ul1">
14              <li>1111</li>
15              <li>2222</li>
16              <li>3333</li>
17              <li>4444</li>
```

```
18              <li>5555</li>
19          </ul>
20          <div>
21              <button id="btn1">→</button>
22              <button id="btn2">←</button>
23          </div>
24          <ul id="ul2">
25              <li>aaaa</li>
26              <li>bbbb</li>
27              <li>cccc</li>
28              <li>dddd</li>
29              <li>eeee</li>
30          </ul>
31      </div>
32  </body>
```

运行以上代码，即可得到图 8.7 所示的页面布局。

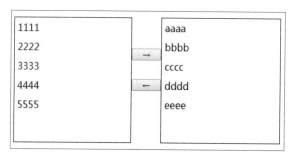

图 8.7　内容穿梭框基本结构与布局

要实现需求（1），首先需要通过事件委托的方式，让左右列表可以动态地添加事件；然后创建一个方法，统一实现单击选中状态和取消选中状态，包括列表项和向左、向右按钮，代码如下所示。

```
1  <script>
2      var $btn1 = $('#btn1');
3      var $btn2 = $('#btn2');
4      var $ul1 = $('#ul1');
5      var $ul2 = $('#ul2');
6      $ul1.on('click','li',function(){
7          $(this).toggleClass('active');
8          activeList($ul1,$btn1);
9      });
10     $ul2.on('click','li',function(){
11         $(this).toggleClass('active');
12         activeList($ul2,$btn2);
13     });
14     function activeList($box , $btn){
15         var flag = false;
16         $box.find('li').each(function(){
17             console.log( $(this).hasClass('active') );
18             if( $(this).hasClass('active') ){
19                 flag = true;
20             }
21         });
```

```
22          if(flag){
23                  $btn.addClass('active');
24          }
25          else{
26                  $btn.removeClass('active');
27          }
28      }
29  </script>
```

运行以上代码即可实现需求（1），效果如图 8.8 所示。

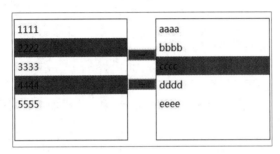

图 8.8　内容穿梭框选中和取消状态

要实现需求（2），需要给向左、向右按钮添加单击操作，并利用 DOM 节点的添加和删除方法来实现剪切功能，如 append() 和 remove() 等方法，下面是完整的 jQuery 代码。

```
1  <script>
2      var $btn1 = $('#btn1');
3      var $btn2 = $('#btn2');
4      var $ul1 = $('#ul1');
5      var $ul2 = $('#ul2');
6      $ul1.on('click','li',function(){
7          $(this).toggleClass('active');
8          activeList($ul1,$btn1);
9      });
10     $ul2.on('click','li',function(){
11         $(this).toggleClass('active');
12         activeList($ul2,$btn2);
13     });
14     $btn1.click(function(){
15         $(this).removeClass('active');
16         moveList($ul1,$ul2);
17     });
18     $btn2.click(function(){
19         $(this).removeClass('active');
20         moveList($ul2,$ul1);
21     });
22     function activeList($box , $btn){
23         var flag = false;
24         $box.find('li').each(function(){
25             console.log( $(this).hasClass('active') );
26             if( $(this).hasClass('active') ){
27                     flag = true;
28             }
29         });
```

```
30          if(flag){
31              $btn.addClass('active');
32          }
33          else{
34              $btn.removeClass('active');
35          }
36      }
37      function moveList($box1,$box2){
38          $box1.find('li').each(function(){
39              if( $(this).hasClass('active') ){
40                  $(this).removeClass();
41                  $box2.append( $(this) );
42              }
43          });
44      }
45  </script>
```

运行以上代码，即可完成内容穿梭框的页面功能编辑，效果如图 8.9 所示。

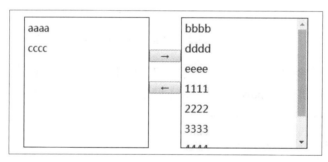

图 8.9　内容穿梭框切换操作

8.1.3　自定义滚动条

网页中默认的滚动条效果有时候无法满足需求，需要自定义滚动条来达成整体设计风格的统一，这就要用 jQuery 来模拟实现。优酷新闻列表页中的自定义滚动条效果如图 8.10 所示。

需求说明如下。

（1）模拟出滚动条，滑块可以通过鼠标进行 y 轴上的拖曳。

（2）对滑块的拖曳限制范围，使其在指定的范围内移动。

（3）通过滑块的拖曳来控制列表内容的移动。

（4）根据列表内容的多少来决定滑块的长短。

首先完成结构和布局，代码如下所示。

图 8.10　优酷新闻列表页自定义滚动条

```
1  <style>
2  *{ margin:0; padding:0;}
3  #containter{ width:200px; height:300px; overflow: hidden; margin: 10px;}
4  #containter ul{ float: left; width:190px;}
```

```
5    #containter ul li{ height:50px; line-height: 50px; padding:5px; border-bottom: 1px dashed
6    gray;}
7    #containter #barCon{ float: left; width:10px; height: 100%; background:#ccc; border-radius:
8    5px; position: relative;}
9    #containter #barBtn{ width:100%; height:50px; background:#666; border-radius: 5px;
10   position: absolute; top: 0;}
11   </style>
12   <body>
13       <div id="containter">
14           <ul id="list">
15               <li>aaaa</li>
16               <li>bbbb</li>
17               <li>cccc</li>
18               <li>dddd</li>
19               <li>eeee</li>
20               <li>ffff</li>
21               <li>gggg</li>
22               <li>hhhh</li>
23               <li>iiii</li>
24               <li>jjjj</li>
25           </ul>
26           <div id="barCon">
27               <div id="barBtn"></div>
28           </div>
29       </div>
30   </body>
```

运行以上代码，即可得到图 8.11 所示的页面布局。

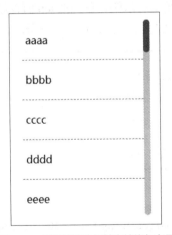

图 8.11　自定义滚动条基本结构与布局

要实现需求（1），需要利用 mousedown、mousemove、mouseup 三个事件来实现按下、拖曳和抬起操作，再配合变量 disY 计算出滑块跟随的需求，代码如下所示。

```
1    <script>
2        var $barCon = $('#barCon');
3        var $barBtn = $('#barBtn');
4        var disY = 0;
5        $barBtn.mousedown(function(ev){
```

```
6           disY = ev.pageY - $(this).offset().top;
7           $(document).mousemove(function(ev){
8               $(this).css('top', ev.pageY - disY);
9           }.bind(this));
10          $(document).mouseup(function(){
11              $(this).off();
12          });
13          return false;
14      });
15  </script>
```

运行以上代码，即可发现页面布局中右侧的滑块可以移动了，如图 8.12 所示。

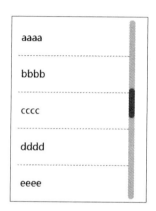

图 8.12　y 轴上拖曳 barBtn 元素

要实现需求（2），需要对 top 值进行限制，首先把 top 值存储成一个变量 Y，然后对最小值和最大值进行判断，最终把 Y 限制在一定的范围内，代码如下所示。

```
1   <script>
2       var $barCon = $('#barCon');
3       var $barBtn = $('#barBtn');
4       var disY = 0;
5       $barBtn.mousedown(function(ev){
6           disY = ev.pageY - $(this).offset().top;
7           $(document).mousemove(function(ev){
8               var Y = ev.pageY - disY;
9               if(Y<0){
10                  Y = 0;
11              }
12              else if(Y>$barCon.height() - $barBtn.height()){
13                  Y = $barCon.height() - $barBtn.height();
14              }
15              $(this).css('top', Y);
16          }.bind(this));
17          $(document).mouseup(function(){
18              $(this).off();
19          });
20          return false;
21      });
22  </script>
```

运行以上代码，即可限制滑块在指定的范围内移动，如图 8.13 所示。

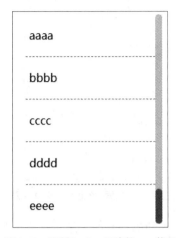

图 8.13　限制 barBtn 元素的 top 范围

要实现需求（3），需要创建一个比例值变量 scaleY，利用它控制列表内容的位置变化，代码如下所示。

```
1  <script>
2      var $containter = $('#containter');
3      var $list = $('#list');
4      var $barCon = $('#barCon');
5      var $barBtn = $('#barBtn');
6      var disY = 0;
7      $barBtn.mousedown(function(ev){
8          disY = ev.pageY - $(this).offset().top;
9          $(document).mousemove(function(ev){
10             var Y = ev.pageY - disY;
11             if(Y<0){
12                 Y = 0;
13             }
14             else if(Y>$barCon.height() - $barBtn.height()){
15                 Y = $barCon.height() - $barBtn.height();
16             }
17             $(this).css('top', Y);
18             var scaleY = Y / ($barCon.height() - $barBtn.height());
19             $list.css('transform' , 'translateY('+ - scaleY * ($list.height() -
20     $containter.height()) +'px)');
21         }.bind(this));
22         $(document).mouseup(function(){
23             $(this).off();
24         });
25         return false;
26     });
27  </script>
```

运行以上代码，可以发现通过滑块的拖曳能够控制列表内容的移动，如图 8.14 所示。

图 8.14　根据比例值移动$list 元素

要实现需求（4），需要根据列表与滚动条的关系，形成一个等比公式，即$container.height() /
$list.height() = $barBtn.height() / $barCon.height()，这样可换算出$barBtn 的高度，最后添加一个系数 2，
让滑块保持一个适当的尺寸，下面是完整的 jQuery 代码。

```
1  <script>
2  var $containter = $('#containter');
3      var $list = $('#list');
4      var $barCon = $('#barCon');
5      var $barBtn = $('#barBtn');
6      var disY = 0;
7      $barBtn.css('height' , ($containter.height() * $barCon.height() / $list.height())/2 );
8      $barBtn.mousedown(function(ev){
9          disY = ev.pageY - $(this).offset().top;
10         $(document).mousemove(function(ev){
11             var Y = ev.pageY - disY;
12             if(Y<0){
13                 Y = 0;
14              }
15             else if(Y>$barCon.height() - $barBtn.height()){
16                 Y = $barCon.height() - $barBtn.height();
17              }
18             $(this).css('top', Y);
19             var scaleY = Y / ($barCon.height() - $barBtn.height());
20             $list.css('transform' , 'translateY('+ - scaleY * ($list.height() -
21  $containter.height()) +'px)');
22         }.bind(this));
23         $(document).mouseup(function(){
24             $(this).off();
25         });
26         return false;
27      });
28  </script>
```

运行以上代码，即可实现需求（4）的页面功能，如图 8.15 所示。

图 8.15 自定义滚动条完整实现

8.2 动画特效

动画特效

动画特效也是网页中常见的交互效果之一，利用 jQuery 可以非常方便地对其进行实现，主要使用 animate()方法。

8.2.1 轮播图

广告轮播是许多网站中存在的特效，它可以非常直接、快速地吸引用户注意。图 8.16 所示为淘宝网上的轮播图效果。

需求说明如下。

（1）单击切换列表项，可以左右切换到指定的图片。

（2）轮播图可自动切换，轮播到最后一张图片时进入新一轮循环。

（3）鼠标指针移入按钮或图片时，停止自动轮播。鼠标指针移开按钮或图片时，继续自动轮播。

图 8.16 淘宝网轮播图效果

首先准备好五张大小相同的图片，然后完成结构和布局，代码如下所示。

```
 1 <style>
 2 *{margin:0;padding:0;}
 3 li{ list-style:none;}
 4 img{ border:none; vertical-align:top; }
 5 #banner{width:470px;height:150px; position:relative; margin:30px auto; overflow:hidden;}
 6 #banner ul{ width:470px; position: absolute; top: 0;}
 7 #banner ul li{float:left;}
 8 #banner ol{z-index:2; width:120px; position:absolute;right:10px; bottom:10px;}
 9 #banner ol li{ width:20px;height:20px; float:left;margin:0 2px; display:inline;
10 background:#fff; color:#f60; line-height:20px; text-align:center; cursor:pointer;}
11 #banner ol .active{ background:#f60; color:#fff;}
12 </style>
```

```
13  <body>
14      <div id="banner">
15          <ul>
16              <li><img src="banner/1.jpg" alt=""/></li>
17              <li><img src="banner/2.jpg" alt=""/></li>
18              <li><img src="banner/3.jpg" alt=""/></li>
19              <li><img src="banner/4.jpg" alt=""/></li>
20              <li><img src="banner/5.jpg" alt=""/></li>
21          </ul>
22          <ol>
23              <li class="active">1</li>
24              <li>2</li>
25              <li>3</li>
26              <li>4</li>
27              <li>5</li>
28          </ol>
29      </div>
30  </body>
```

运行以上代码，布局效果如图 8.17 所示。

图 8.17　轮播图基本结构与布局

要实现需求（1），需要给切换列表添加单击操作，并获取对应的索引值 index，利用索引值映射到对应的图片来实现切换操作，动画改变 ul 容器的 top 值，代码如下所示。

```
1  <script>
2      var $oLi = $('ol li');
3      var $ul = $('ul');
4      $oLi.mouseover(function(){
5          $(this).attr('class','active').siblings().attr('class','');
6          $ul.animate({
7              top : - 150 * $(this).index()
8          },1000);
9      });
10  </script>
```

运行以上代码，即可实现需求（1）的功能，如图 8.18 所示。

图 8.18　单击切换轮播图

要实现需求（2），需要添加一个 run()方法，每隔一段时间进行调用。从第一项切换到第二项，再从第二项切换到第三项，只需要创建一个标识 iNow，对 iNow 进行数值累加。要实现循环切换，只需要对 iNow 进行判断即可，如 iNow 变化到最后一项时，重置为 0。代码如下所示。

```
1   <script>
2       var $oLi = $('ol li');
3       var $ul = $('ul');
4       var iNow = 0;
5       $oLi.mouseover(function(){
6           $(this).attr('class','active').siblings().attr('class','');
7           $ul.animate({
8               top : - 150 * $(this).index()
9           },1000);
10      });
11      setInterval(run,2000);
12      function run(){
13          if(iNow == $oLi.length-1){
14              iNow = 0;
15          }
16          else{
17              iNow++;
18          }
19          $oLi.eq(iNow).attr('class','active').siblings().attr('class','');
20          $ul.animate({
21              top : - 150 * iNow
22          },1000);
23      }
24  </script>
```

运行以上代码，即可实现需求（2）中自动切换轮播图的功能，如图 8.19 所示。

图 8.19　自动切换轮播图

要实现需求（3），需要给整个 banner 容器添加鼠标移入和鼠标移出事件，当触发移入事件时清除定时器，当触发移出事件时再开启定时器。还需要注意 iNow 和当前位置的索引值要保持一致，这样再次轮播的时候可以衔接前面的操作。下面是完整的 jQuery 代码。

```
1   <script>
2       var $banner = $('#banner');
3       var $oLi = $('ol li');
4       var $ul = $('ul');
5       var iNow = 0;
6       var timer = null;
7       $oLi.mouseover(function(){
8           $(this).attr('class','active').siblings().attr('class','');
9           $ul.animate({
```

```
10              top : - 150 * $(this).index()
11          },1000);
12          iNow = $(this).index()
13      });
14      $banner.mouseover(function(){
15          clearInterval(timer);
16      }).mouseout(function(){
17          timer = setInterval(run,2000);
18      });
19      timer = setInterval(run,2000);
20      function run(){
21          if(iNow == $oLi.length-1){
22              iNow = 0;
23          }
24          else{
25              iNow++;
26          }
27          $oLi.eq(iNow).attr('class','active').siblings().attr('class','');
28          $ul.animate({
29              top : - 150 * iNow
30          },1000);
31      }
32  </script>
```

8.2.2　寻路九宫格

除了轮播图效果外，还可以把广告设计成很多不同的形式，寻路九宫格就是其中一种。寻路九宫格随机移动某个图片来实现动画特效，如图 8.20 所示。

图 8.20　寻路九宫格效果展示

需求说明如下。

（1）图片可在九宫格内进行排列。

（2）每隔一段时间，图片随机移动位置。

（3）保证当前移动图片不会出现往返运动形式。

首先完成结构和布局，九宫格中的图片来自淘宝线上 CDN，代码如下所示。

```
1  <style>
2  *{ margin:0; padding:0;}
3  #div1{ width:300px; height:300px; border:1px #000 solid; margin:20px; position:relative;}
4  #div1 img{ width:100px; height:100px; overflow:hidden; float:left;}
5  </style>
6  <body>
7  <div id="div1">
8      <img
9  src="http://img02.taobaocdn.com/bao/uploaded/i2/1869031588/TB2RlqaapXXXXXTXpXX
10 XXXXXXXX_!!1869031588.jpg_100x100.jpg">
11     <img
12 src="http://img02.taobaocdn.com/bao/uploaded/i2/TB1EWu5FVXXXXX.XpXXXXXXXX
13 XX_!!0-item_pic.jpg_100x100.jpg">
14     <img
15 src="http://img04.taobaocdn.com/bao/uploaded/i4/TB1dir_FVXXXXbGXpXXXXXXXXX
16 X_!!0-item_pic.jpg_100x100.jpg">
17     <img
18 src="http://img04.taobaocdn.com/bao/uploaded/i4/12139024398076861/T16KtiFlpeXXXXX
19 XXX_!!0-item_pic.jpg_100x100.jpg">
20     <img
21 src="http://img02.taobaocdn.com/bao/uploaded/i2/1869031588/TB2RlqaapXXXXXTXpXX
22 XXXXXXXX_!!1869031588.jpg_100x100.jpg">
23     <img
24 src="http://img02.taobaocdn.com/bao/uploaded/i2/TB1EWu5FVXXXXX.XpXXXXXXXX
25 XX_!!0-item_pic.jpg_100x100.jpg">
26     <img
27 src="http://img04.taobaocdn.com/bao/uploaded/i4/TB1dir_FVXXXXbGXpXXXXXXXXX
28 X_!!0-item_pic.jpg_100x100.jpg">
29     <img
30 src="http://img02.taobaocdn.com/bao/uploaded/i2/1869031588/TB2RlqaapXXXXXTXpXX
31 XXXXXXXX_!!1869031588.jpg_100x100.jpg">
32 </div>
33 </body>
```

要想实现需求（1），需要把浮动布局动态转成定位布局，这样可以方便图片的自由移动，代码如下所示。

```
1  <script>
2      var $img = $('img');
3      var posArr = [];
4      $img.each(function(){
5          posArr.push({L : $(this).position().left , T : $(this).position().top});
6      });
7      $img.each(function(i){
8          $(this).css({position : 'absolute' , left : posArr[i].L , top : posArr[i].T});
9      });
10 </script>
```

要实现需求（2），需要记录每张图片的移动路径，可以把路径存储到一个数组中。给九宫格添加索引值，找到空白区域的索引值作为初始值，这样就可以知道应该移动哪张图片了，再配合 animate()方法来实现动画效果，代码如下所示。

```
1  <script>
2      var $img = $('img');
3      var posArr = [];
4      var blankIndex = 8;
5      var cols = 3;
6      var moveArr = [
7          [1,3],
8          [0,2,4],
9          [1,5],
10         [0,4,6],
11         [1,3,5,7],
12         [2,4,8],
13         [3,7],
14         [4,6,8],
15         [5,7]
16     ];
17     $img.each(function(){
18         posArr.push({L : $(this).position().left , T : $(this).position().top});
19     });
20     $img.each(function(i){
21         $(this).css({position : 'absolute' , left : posArr[i].L , top : posArr[i].T});
22     });
23     $img.each(function(){
24         $(this).prop('_index',$(this).index());
25     });
26     moveInit();
27     function moveInit(){
28         var nowArr = moveArr[blankIndex];
29         var nowIndex = nowArr[Math.floor(Math.random()*nowArr.length)];
30         var targetL = blankIndex%cols*100;
31         var targetT = Math.floor(blankIndex/cols)*100;
32         var tmp = '';
33         $img.each(function(){
34             if( $(this).prop('_index') == nowIndex ){
35                 $(this).animate({ left : targetL , top : targetT },1000,function(){
36                     tmp = blankIndex;
37                     blankIndex = $(this).prop('_index');
38                     $(this).prop('_index',tmp);
39                     moveInit();
40                 });
41             }
42         });
43     }
44  </script>
```

要实现需求（3），需要创建一个 prevIndex 变量来存储走过的路径，然后通过 filterArr 数组筛选出没有走过的路径。下面是完整的 jQuery 代码。

```
1  <script>
2  var $img = $('img');
3      var posArr = [];
4      var blankIndex = 8;
5      var prevIndex = -1;
6      var cols = 3;
7      var moveArr = [
```

```
8            [1,3],
9            [0,2,4],
10           [1,5],
11           [0,4,6],
12           [1,3,5,7],
13           [2,4,8],
14           [3,7],
15           [4,6,8],
16           [5,7]
17       ];
18       $img.each(function(){
19           posArr.push({L : $(this).position().left , T : $(this).position().top});
20       });
21       $img.each(function(i){
22           $(this).css({position : 'absolute' , left : posArr[i].L , top : posArr[i].T});
23       });
24       $img.each(function(){
25           $(this).prop('_index',$(this).index());
26       });
27       moveInit();
28       function moveInit(){
29           var nowArr = moveArr[blankIndex];
30           var filterArr = [];
31           $.each(nowArr , function(i,val){
32               if(val != prevIndex){
33                   filterArr.push(val);
34               }
35           });
36           prevIndex = blankIndex;
37           var nowIndex = filterArr[Math.floor(Math.random()*filterArr.length)];
38           var targetL = blankIndex%cols*100;
39           var targetT = Math.floor(blankIndex/cols)*100;
40           var tmp = '';
41           $img.each(function(){
42               if( $(this).prop('_index') == nowIndex ){
43                   $(this).animate({ left : targetL , top : targetT },1000,function(){
44                       tmp = blankIndex;
45                       blankIndex = $(this).prop('_index');
46                       $(this).prop('_index',tmp);
47                       moveInit();
48                   });
49               }
50           });
51       }
52 </script>
```

8.3　本章小结

通过本章的学习，读者能够了解 jQuery 在实际生活中常见的使用场景，利用前面学到的语法和基础知识实现网页中常见的交互效果和动画效果。一些公式的使用能够让页面特效更加绚丽，在以后的开发过程中，这些特效将会使网页锦上添花，提高用户体验。

8.4 习题

1. 填空题

（1）利用 jQuery 的_____方法可以获取当前的索引值。

（2）jQuery 中可以通过_____方法分割前段和后段。

（3）我们可以利用_____的延迟特性来避免触发 mouseout 事件。

（4）我们可以利用 DOM 节点的_____和_____方法来实现剪切功能。

（5）在自定义滚动条时，利用_____、_____、_____三个事件可以实现按下、拖曳和抬起操作。

2. 选择题

（1）下列说法中，错误的是（　　　）。

    A. 星级评分是对 jQuery 中某些元素的操作，不涉及事件

    B. 利用 jQuery 的 index()方法可以获取当前的索引值

    C. jQuery 中可以通过 slice()方法分割前段和后段

    D. 可以利用 clearTimeout()的延迟特性来避免触发 mouseout 事件

（2）下列关于创建内容穿梭框的描述中，错误的是（　　　）。

    A. 需要利用事件委托的方式，让左右列表可以动态地添加事件

    B. 创建一个方法，可以统一实现单击选中状态和取消选中状态

    C. 内容穿梭框的根本原理是把对数据库的操作展示在前端页面中

    D. 可利用 DOM 节点的添加和删除方法来实现剪切功能，如 append()和 remove()等方法

（3）下列关于自定义滚动条的选项中，说法不正确的是（　　　）。

    A.通过滑块的拖曳来控制列表内容的移动

    B. 利用 mousedown、mousemove、mouseup 三个事件来实现按下、拖曳和抬起操作

    C.使用 jQuery 不能实现滚动条的功能

    D. 需要创建一个比例值变量，利用它控制列表内容的位置变化

（4）下列关于实现轮播图的描述中，说法不正确的是（　　　）。

    A. 轮播图可自动切换，轮播到最后一张图片时开始新一轮循环

    B. 需要给切换列表添加单击操作，并获取对应的索引值 index，利用索引值映射到对应的图片来实现切换操作，动画改变 ul 容器的 top 值

    C. 需要给切换列表添加样式，并通过样式的改变实现图片轮播

    D. 实现图片循环自动切换需要添加一个 run()方法，每隔一段时间进行调用

（5）下列选项中，说法正确的是（　　　）。

    A. 轮播图可自动切换，轮播到最后一张图片时开始新一轮循环

    B. 内容穿梭框的功能实现需要编写后端代码协助完成

    C. jQuery 中的特效都是低级的，并不能使用户有良好的体验

    D. 自定义滚动条中的动态滚动是通过图片切换实现的

3. 思考题

轮播图是怎样实现图片循环自动切换的?

4. 编程题

编写代码,实现自定义滚动条功能,通过滑块的拖曳来控制列表内容的移动,根据列表内容的多少来决定滑块的长短,效果如图 8.21 所示。

图 8.21　效果图

第 9 章　jQuery 高级进阶

本章学习目标

- 了解 jQuery 模板引擎
- 理解黑白盒测试
- 掌握队列及回调对象的使用方法

jQuery 提供了很多跟内部实现紧密相关的方法，这些方法不一定很常用，但是对于理解 jQuery 内部的实现原理以及优化复杂功能都是非常有意义的。

除了 jQuery 本身的使用外，我们还要对 jQuery 所涉及的一些周边生态有所了解，如模板引擎、单元测试等操作。这些操作可以帮助我们开发出更加强大、稳定的应用。

9.1　函数队列

队列是一种常见的数据操作模式，分为入队与出队两个过程。就像排队购物一样，新来的用户需要排到队列的最后，队列的第一个用户购买结束后，才可以进行第二个用户的操作。所以说队列采用一种先进先出的数据操作方式。

jQuery 中也有类似的操作，queue() 方法为入队，dequeue() 方法为出队，只不过它们操作的并不是用户，而是函数，所以在 jQuery 中称之为函数队列。利用 jQuery 函数队列，可以让函数按照顺序去执行，包括异步函数。

9.1.1　queue()、dequeue() 方法

jQuery 中函数队列分为两种写法，即工具方法和实例方法。

- $.queue() 和 $.dequeue()

$.queue()、$.dequeue() 这两个工具方法分别表示入队与出队操作。$.queue() 有三个参数，第一个参数表示当前元素，第二个参数表示队列名，第三个参数表示入队函数。$.dequeue() 有两个参数，第一个参数表示当前元素，第二个参数表示队列名。语法为：

```
$.queue(当前元素,队列名,入队函数);
$.dequeue(当前元素,队列名);
```

先来看入队的操作。首先创建一个名为 qf 的队列，并挂载到 document 对象下，然后再准备三个函数，分别进行入队操作，代码如下所示。

```
1  <script>
2      function foo(){
3          console.log('foo');
4      }
5      function bar(){
6          console.log('bar');
7      }
8      function baz(){
9          console.log('baz');
10      }
11      $.queue(document,'qf',foo);
12      $.queue(document,'qf',bar);
13      $.queue(document,'qf',baz);
14  </script>
```

qf 队列的结构如图 9.1 所示。

虽然函数已经入队，但是页面并没有调用函数，因为只有调用出队方法，才能执行函数，并且调用一次出队方法，只会执行集合中的第一项，再次调用一次出队方法，才会执行集合中的第二项。

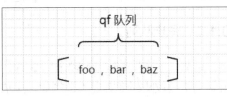

图 9.1　qf 队列的结构

```
1  <script>
2      //省略代码
3      $.dequeue(document,'qf');
4      $.dequeue(document,'qf');
5  </script>
```

运行以上代码，结果如图 9.2 所示。

```
foo
bar
> |
```

图 9.2　$.dequeue()出队操作

- queue()和 dequeue()

queue()、dequeue()这两个为实例方法，也是表示入队与出队操作，写法和参数与工具方法类似。语法为：

```
$(当前元素).queue(队列名,入队函数);
$(当前元素).dequeue(队列名);
```

演示代码如下所示。

```
1  <script>
2      function foo(){
3          console.log('foo');
4      }
5      function bar(){
6          console.log('bar');
7      }
8      function baz(){
9          console.log('baz');
10     }
11     $(document).queue('qf',foo);
12     $(document).queue('qf',bar);
13     $(document).queue('qf',baz);
14     $(document).dequeue('qf');
15     $(document).dequeue('qf');
16 </script>
```

在以上的代码中可以看出 queue()、dequeue()这两个实例方法的操作与工具方法也是完全相同的，所以在平时使用的时候，两种写法都是可行的。

9.1.2 异步队列

函数队列主要的应用体现在异步操作中，尤其是内部实现中，如 jQuery 中的 animate()动画方法就是利用函数队列来实现的，例如，添加一个宽 300 像素、高 300 像素的块，并向右浮动 300 像素，代码如下所示。

```
1  <style>
2  #box{ width:100px; height:100px; background:red; position: absolute; left: 0;}
3  </style>
4  <body>
5      <div id="box"></div>
6      <script>
7      $('#box').animate({ width: 300});
8      $('#box').animate({ height: 300});
9      $('#box').animate({ left: 300});
10     </script>
11 </body>
```

这里的运动数值会映射到队列的数组项中，在动画执行的时候程序会自动调用$.dequeue()进行出队操作，jQuery 会给动画默认添加队列名 fx，如图 9.3 所示。

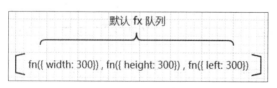

图 9.3 fx 动画队列

理解了动画中的队列操作，就可以在调用中间添加一个入队操作，但不调用出队操作，此时动画会在执行完当前添加的操作后暂停执行后续的运动，等待出队操作，代码如下所示。

```
1    <script>
2        $('#box').animate({ width: 300});
3        $('#box').queue('fx',function(){
4            $(this).css('background','blue');
5        });
6        $('#box').animate({ height: 300});
7        $('#box').animate({ left: 300});
8    </script>
```

运行以上代码，可以发现红色背景块的宽度变成了 300 像素，背景颜色也变换为蓝色，但是接下来的程序代码就没有继续运行了，如图 9.4 所示。

图9.4　插入入队函数

只有调用了出队方法，才可以继续向后执行，在以上的代码中添加 dequeue()方法完成出队调用，代码如下所示。

```
1    <script>
2        $('#box').animate({ width: 300});
3        $('#box').queue('fx',function(){
4            $(this).css('background','blue');
5            $(this).dequeue('fx');
6        });
7        $('#box').animate({ height: 300});
8        $('#box').animate({ left: 300});
9    </script>
```

运行以上代码，可以发现先前的蓝色背景的高度增加至 300 像素，然后向右浮动 300 像素，如图 9.5 所示。

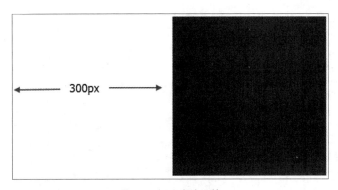

图9.5　调用出队函数

利用这样一个特点，可以模拟出 delay()方法的实现，其实 jQuery 内部的 delay()方法就是利用函数队列来实现的，代码如下所示。

```
1  <script>
2      $('#box').animate({ width: 300});
3      $('#box').queue('fx',function(){
4          setTimeout(()=>{
5              $(this).dequeue('fx');
6          },2000);
7      });
8      $('#box').animate({ height: 300});
9  </script>
```

9.2 回调对象

回调对象

一个多用途的回调列表对象，提供了强大的回调函数列表管理功能。回调对象可以对函数进行统一管理，利用回调对象可以衍生出一些更高级的接口，对异步操作有明显的改善。

9.2.1 基本方法

首先需要利用$.Callbacks()这个工具方法创建回调对象。回调对象下有三个重要的方法，如表 9.1 所示。

表 9.1 回调对象方法

方法	说明
add()	往回调列表中添加回调函数
fire()	触发回调列表中的回调函数
remove()	从回调列表中删除回调函数

add()方法用于往回调列表中添加回调函数，fire()方法用于执行添加的回调函数。fire()方法在$.Callbacks()没有参数的情况下只会触发先前 add()添加的函数，代码如下所示。

```
1  <script>
2      function foo(){
3          console.log(1);
4      }
5      function bar(){
6          console.log(2);
7      }
8      function baz(){
9          console.log(3);
10     }
11     var cb = $.Callbacks();
12     cb.add(foo);
13     cb.add(bar);
14     cb.fire();
15     cb.add(baz);
16 </script>
```

运行以上代码，结果如图 9.6 所示。

图 9.6　fire()方法调用

fire()方法可调用多次，代码如下所示。

```
1 <script>
2     //省略代码
3     var cb = $.Callbacks();
4     cb.add(foo);
5     cb.add(bar);
6     cb.fire();
7     cb.add(baz);
8     cb.fire();
9 </script>
```

运行以上代码，结果如图 9.7 所示。

图 9.7　fire()方法调用多次

如果想把回调列表中的某一项删除掉，可以使用 remove()从内部队列中移除某些函数，并可以有多个参数，代码如下所示。

```
1 <script>
2     //省略代码
3     var cb = $.Callbacks();
4     cb.add(foo);
5     cb.add(bar);
6      cb.remove(foo);
7     cb.fire();
8 </script>
```

运行以上代码，结果如图 9.8 所示。

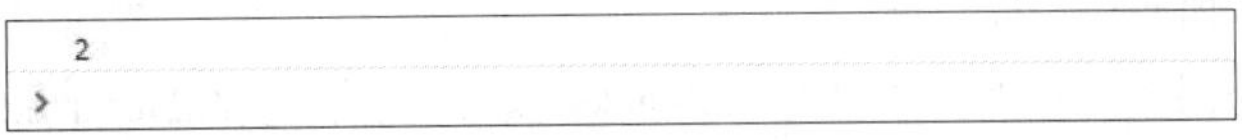

图 9.8　remove()方法调用

9.2.2　应用场景

下面来了解回调对象的实际应用场景。

（1）可以对函数进行统一的管理。有时候会调用多个函数，利用回调函数更加方便。

（2）可以解决作用域的问题。例如，一个函数在闭包内，而另一个函数在全局下，这时候两个函数要同时调用只能选择在闭包内调用，代码如下所示。

```
1  <script>
2      (function(){
3          function foo(){
4              console.log(1);
5          }
6          foo();
7          bar();
8      })();
9      function bar(){
10         console.log(2);
11     }
12 </script>
```

运行以上代码，结果如图 9.9 所示。

图 9.9　在闭包内调用函数

如果在全局下调用就会找不到 foo()函数，我们可以利用回调对象来解决这个问题。

```
1  <script>
2      var cb = $.Callbacks();
3      (function(){
4          function foo(){
5              console.log(1);
6          }
7          cb.add(foo);
8      })();
9      function bar(){
10         console.log(2);
11     }
12     cb.add(bar);
13     cb.fire();
14 </script>
```

执行效果与图 9.9 相同。

（3）jQuery 内部的很多方法都是基于$.Callbacks()来实现的，如$.Deferred()方法。这个方法是专门用来解决异步问题的，类似于 ES6 中的 Promise 规范，在 9.2.4 节中将详细讲解。

9.2.3　四大参数

$.Callbacks()方法可以接收四个参数，如表 9.2 所示。

表 9.2   回调方法的参数

参数	说明
once	触发一次 fire()方法
memory	对 fire()之后的 add()进行记忆
unique	去掉重复添加的回调函数
stopOnFalse	停止回调队列向下执行

once 参数表示只会触发一次 fire()方法。

```
1  <script>
2      function foo(){
3          console.log(1);
4      }
5      function bar(){
6          console.log(2);
7      }
8      function baz(){
9          console.log(3);
10     }
11     var cb = $.Callbacks('once');
12     cb.add(foo);
13     cb.add(bar);
14     cb.fire();
15     cb.fire();
16 </script>
```

运行以上代码，可以看到，只触发了第一个 fire()方法，如图 9.10 所示。

图 9.10 设置 once 参数

memory 参数表示 fire()方法具备记忆功能，可以触发在 fire()方法之后添加的回调函数。

```
1  <script>
2      //省略代码
3      var cb = $.Callbacks('memory');
4      cb.add(foo);
5      cb.add(bar);
6      cb.fire();
7      cb.add(baz);
8  </script>
```

运行以上代码，可以看到，后添加的 baz 回调函数也被触发了，如图 9.11 所示。

图 9.11 设置 memory 参数

unique 参数表示去重，当回调对象重复添加时，fire()触发可以去掉重复添加的回调函数。

```
1  <script>
2      //省略代码
3      var cb = $.Callbacks('unique');
4      cb.add(foo);
5      cb.add(foo);
6      cb.fire();
7  </script>
```

运行以上代码，结果如图 9.12 所示。

图 9.12　设置 unique 参数

stopOnFalse 参数表示当回调函数中返回 false 时，停止向下执行，它可以阻断整个回调队列。

```
1  <script>
2      function foo(){
3          console.log(1);
4          return false;
5      }
6      function bar(){
7          console.log(2);
8      }
9      var cb = $.Callbacks('stopOnFalse');
10     cb.add(foo);
11     cb.add(bar);
12     cb.fire();
13 </script>
```

运行以上代码，可以看到，foo()函数中返回了 false，这样触发的时候，就不会继续向下调用其他回调函数了，如图 9.13 所示。

图 9.13　设置 stopOnFalse 参数

参数还可以组合使用，以空格隔开，代码如下所示。

```
1  <script>
2      //省略代码
3      var cb = $.Callbacks('once memory');
4      cb.add(foo);
5      cb.add(bar);
6      cb.fire();
7      cb.add(baz);
8      cb.fire();
9  </script>
```

运行以上代码，结果如图 9.14 所示。

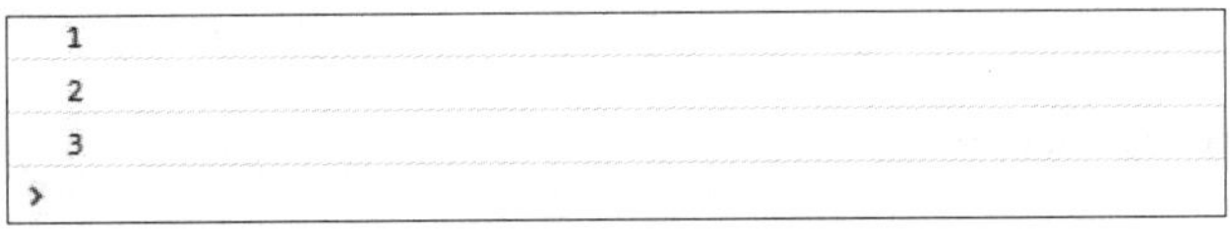

图 9.14　设置 once 和 memory 组合参数

9.2.4　延迟对象

$.Deferred()工具创建出来的对象是延迟对象，它是$.Callbacks()的衍生品，主要功能是解决异步函数的问题。

以下代码如何修改才可以先执行 1，再执行 2?

```
1  <script>
2      setTimeout(function(){
3          console.log(1);
4      },1000);
5      console.log(2);
6  </script>
```

在不改变代码位置的情况下，可以考虑使用$.Callbacks()延迟对象来解决，代码如下所示。

```
1   <script>
2       var dfd = $.Deferred();
3       setTimeout(function(){
4           console.log(1);
5           dfd.resolve();
6       },1000);
7       dfd.done(function(){
8           console.log(2);
9       });
10  </script>
```

运行以上代码，可以看到，1 秒后控制台打印 1，然后打印 2，如图 9.15 所示。其中 resolve()方法类似于 fire()方法，而 done()方法类似于 add()方法。

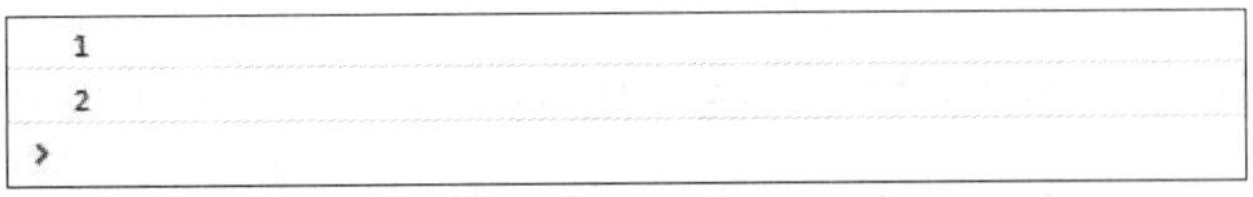

图 9.15　延迟对象操作异步

延迟对象有三种状态，分别是 pending（等待）、resolve（完成）、reject（未完成），初始的时候为等待状态，当状态从等待变成完成时，会触发 done()的回调函数，当状态从等待变成未完成时，会触发 fail()的回调函数，代码如下所示。

```
1   <script>
2       var dfd = $.Deferred();
3       setTimeout(function(){
```

```
4              //dfd.resolve();
5              dfd.reject();
6          },1000);
7          dfd.done(function(){
8              console.log('成功');
9          });
10         dfd.fail(function(){
11             console.log('失败');
12         });
13  </script>
```

运行以上代码，结果如图 9.16 所示。

图 9.16　延迟对象的状态改变

1 秒后控制台打印出"失败"。jQuery 的延迟对象其实就是 Promise 规范的操作，只是当时还没有浏览器支持原生的 Promise。但随着 ES6 的普及，浏览器对原生的 Promise 规范的支持情况越来越好，所以$.Deferred()目前使用得比较少了。

$.Deferred()在源码内部对$.ajax()又做了友好的实现，可以把 AJAX 请求成功的回调和请求失败的回调分离出来，使 AJAX 操作更加灵活，代码如下所示。

```
1  <script>
2      var dfdAjax = $.ajax('data.php');
3      dfdAjax.done(function(){});
4      dfdAjax.fail(function(){});
5  </script>
```

在源码内部，当请求成功时，就会调用 resolve()方法，这样就可以触发成功的回调；当请求失败时，就会调用 reject()方法，这样就可以触发失败的回调。

jQuery 还提供了工具方法$.when()，可以对多个 AJAX 请求进行统一的回调处理，这样强大的功能都要归功于$.Deferred()的内部实现，代码如下所示。

```
1  <script>
2      $.when($.ajax('data.php') ,
       $.ajax('otherData.php') ).done(function(){}).fail(function(){});
3  </script>
```

当 when()方法中的所有请求都返回完成状态时，触发 done()回调函数，只要有一个状态返回未完成，就会触发 fail()回调函数。

9.3　模板引擎

模板引擎

模板引擎是为了使用户界面与业务数据分离而产生的，它可以生成特定格式的文档。用于网站的模板引擎就会生成一个标准的 HTML 文档。

9.3.1　概念与意义

软件开发中有一种设计模式叫 MVC 模式，M、V、C 分别代表 model（模型）、view（视图）、controller（控制器）。这种设计模式的思想就是让三者分离，使软件稳定与可维护，如图 9.17 所示。

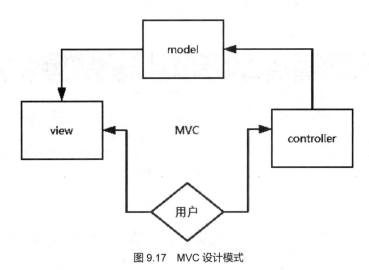

图 9.17　MVC 设计模式

jQuery 并没有对模型与视图进行分离处理，代码混合在一起，难以维护，示例如下。

```
1  <script>
2      $.ajax({
3          url : 'data.php',
4          dataType : 'json',
5          success(data){
6              for(var i=0;i<data.length;i++){
7                  var $li = $('<li>');
8                  $li.html(data[i].text);
9                  $ul.append($li);
10             }
11         }
12     });
13 </script>
```

在这段代码中，data 为 MVC 中的模型层，而$li.html()、$ul.append()等操作为 MVC 中的视图层，模型与视图混合在一起。

模板引擎的诞生，很好地解决了模型与视图分离的操作，把控制器隐藏在模板引擎框架内部，使得 MVC 设计模式得以实施。

9.3.2　基本操作

利用原生 JavaScript 去实现模板引擎是比较复杂的，需要理解大量正则操作及复杂渲染模式等。我们可以采用一些第三方的模板引擎框架。

JsViews 是一个基于 jQuery 的模板引擎框架，使用起来非常方便、简单。其官方网站界面如

图 9.18 所示。

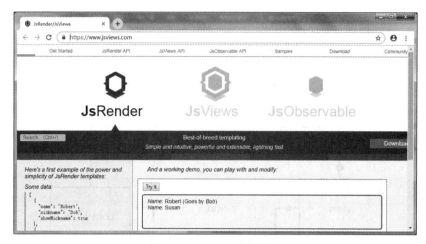

图 9.18　JsViews 官方网站

首先需要下载相关的 JS 文件，下载界面如图 9.19 所示。

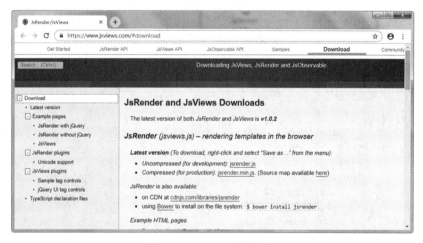

图 9.19　JsViews 文件下载

然后来看 JsViews 基本使用方式的演示，代码如下所示。

```
1  <body>
2      <div id="result"></div>
3      <script id="theTmpl" type="text/x-jsrender">
4      <div>
5        <em>Name:</em> {{:name}}
6        {{if showNickname && nickname}}
7            (Goes by <em>{{:nickname}}</em>)
8        {{/if}}
9      </div>
10     </script>
11     <script>
12     var data = [
13         {
```

```
14              "name": "Robert",
15              "nickname": "Bob",
16              "showNickname": true
17          },
18          {
19              "name": "Susan",
20              "nickname": "Sue",
21              "showNickname": false
22          }
23      ];
24      var template = $.templates("#theTmpl");
25      var htmlOutput = template.render(data);
26      $("#result").html(htmlOutput);
27      </script>
28  </body>
```

运行以上代码，可以看到，模板引擎采用双大括号方式来渲染数据和语法，运行结果如图 9.20 所示。

Name: Robert (Goes by *Bob*)
Name: Susan

图 9.20　JsViews 基本使用

JsViews 支持 if 语句、for 语句等，还可以实现数据与视图的双向数据绑定，即 MVVM 模式，代码如下所示。

```
1  <script id="theTmpl" type="text/x-jsrender">
2      <p data-link="name">{{:name}}</p>
3      <input type="text" data-link="name trigger=true" value="{{:name}}">
4  </script>
5  <script>
6      var data = {
7          name : 'xiaoming'
8      };
9      var template = $.templates("#theTmpl");
10     template.link('body',data);
11 </script>
```

运行以上代码，可以发现在输入框中添加值或减少值时，都会同步反馈到页面的段落中，这就是双向绑定的实现方式，如图 9.21 所示。

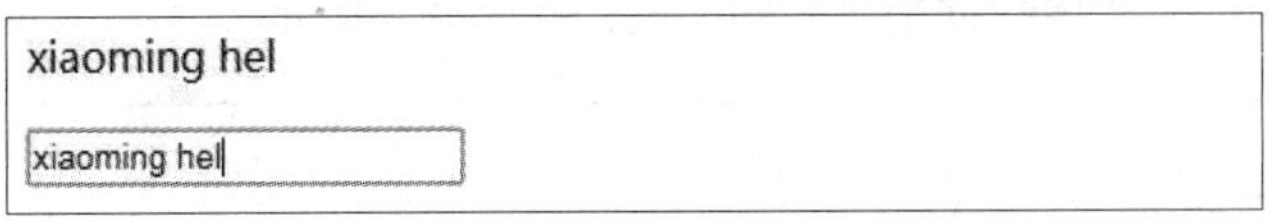

xiaoming hel

xiaoming hel

图 9.21　JsViews 双向绑定

9.3.3　实际应用

为了让读者理解模板引擎的优势，我们使用模板引擎与不使用模板引擎分别实现相同功能，看看它们之间的差异。

先看不使用模板引擎如何实现数据到页面的渲染，代码如下所示。

```
1  <body>
2     <div id="result"></div>
3     <script>
4     var data = {
5         title : '排行榜',
6         list : [
7                 { text : '1. HTML 语言' },
8                 { text : '2. CSS 语言' },
9                 { text : '3. jQuery 框架' }
10        ]
11     };
12     $.each(data,function(key,value){
13         if(key == 'title'){
14             var $h1 = $('<h1>');
15             $h1.html(value);
16             $('#result').append($h1);
17         }
18         else if(key == 'list'){
19             var $ul = $('<ul>');
20             for(var i=0;i<value.length;i++){
21                 var $li = $('<li>');
22                 $li.html( value[i].text );
23                 $ul.append($li);
24             }
25             $('#result').append($ul);
26         }
27     });
28     </script>
29  </body>
```

运行以上代码，结果如图 9.22 所示。

排行榜

- 1. HTML语言
- 2. CSS语言
- 3. jQuery框架

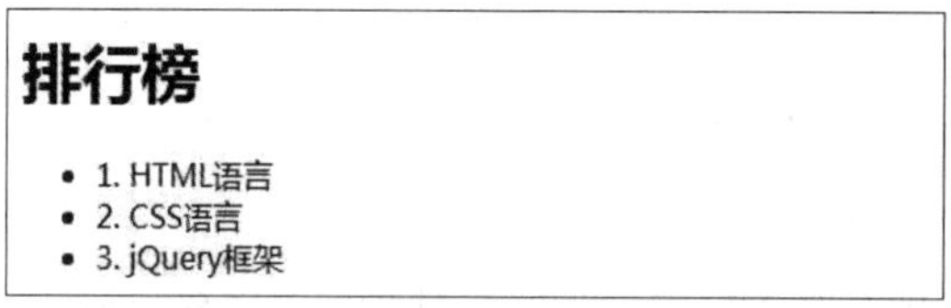

图 9.22 　不使用模板引擎渲染数据

再看使用模板引擎如何实现数据到页面的渲染，代码如下所示。

```
1  <body>
2     <div id="result"></div>
3     <script id="theTmpl" type="text/x-jsrender">
4         <h1>{{:title}}</h1>
5         <ul>
6             {{for list}}
7             <li>{{:text}}</li>
8             {{/for}}
9         </ul>
```

```
10    </script>
11    <script>
12    var data = {
13        title : '排行榜',
14        list : [
15                { text : '1. HTML 语言' },
16                { text : '2. CSS 语言' },
17                { text : '3. jQuery 框架' }
18        ]
19    };
20    var template = $.templates("#theTmpl");
21    var htmlOutput = template.render(data);
22    $("#result").html(htmlOutput);
23    </script>
24  </body>
```

以上代码的运行结果与图 9.22 相同，我们会发现在使用模板引擎的情况下，代码更加简洁。

QUnit 单元测试

9.4　QUnit 单元测试

　　一般情况下，项目开发完毕后都需要进行代码测试。代码测试一般分为黑盒测试和白盒测试。黑盒测试对功能进行测试，通过测试来检测每个功能是否都能正常使用；而白盒测试对代码进行测试，我们能看到"盒子"内部的东西以及里面是如何运作的。

　　单元测试是白盒测试的一种，是指对软件中的最小可测试单元进行检查和验证，一般是测试函数或对象方法。jQuery 专门提供了一个 QUnit 框架，对编写的 jQuery 代码进行单元测试，如图 9.23 所示。

图 9.23　QUnit 官方网站

通过单元测试，可以让开发者编写的 jQuery 代码更加健壮。

9.4.1　界面

　　jQuery 中函数队列分为两种写法，即工具写法和实例写法。要使用 QUnit 单元测试，首先需要下载 QUnit 文件。其中 qunit-git.css 为测试界面样式，qunit-git.js 为测试框架逻辑，如图 9.24 所示。

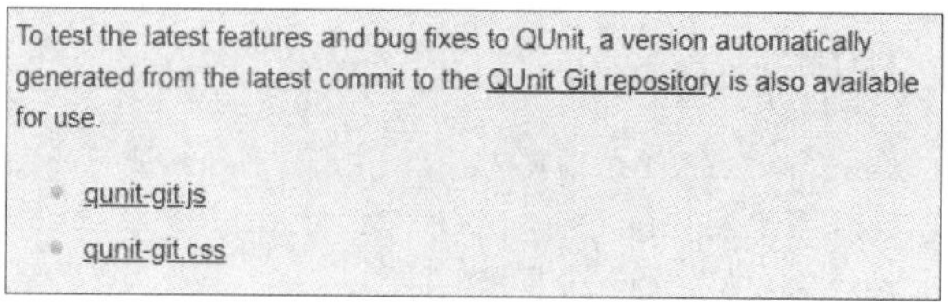

To test the latest features and bug fixes to QUnit, a version automatically generated from the latest commit to the QUnit Git repository is also available for use.

- qunit-git.js
- qunit-git.css

图 9.24　QUnit 文件下载

QUnit 单元测试在页面中会放置两个 div 标签，其中 id="quint"的标签表示测试主体区域，id="quint-fixture"的标签表示进行 DOM 测试。

```
1  <link rel="stylesheet" href="./qunit-git.css">
2  <script src="./jquery-3.2.2.js"></script>
3  <script src="./qunit-git.js"></script>
4  <body>
5      <div id="qunit"></div>
6      <div id="qunit-fixture"></div>
7  </body>
```

QUnit 单元测试界面如图 9.25 所示。

图 9.25　QUnit 单元测试界面

界面中有三个复选框，即 Hide passed tests、Check for Globals、No try-catch。Hide passed tests 被选中，会隐藏测试通过的列表项。Check for Globals 被选中，会把不规范的全局变量也视为错误的，测试不予通过。No try-catch 被选中，错误不会在界面中显示，而是在浏览器的控制台中打印错误信息。

9.4.2　方法与断言

QUnit 单元测试使用 test()方法进行测试操作。具体的测试方案在测试中叫作断言，在 QUnit 中断言方法非常多，表 9.3 中列举了一些常见的断言方法。

表 9.3　　　　　　　　　　　　　　　　　断言常见方法

方法	说明
assert.ok ()	值为 true 表示测试通过
assert.equal ()	两个参数相等表示测试通过
assert.notEqual ()	两个参数不相等表示测试通过
assert.deepEqual()	对数组或对象进行测试，相等表示通过

接下来对表 9.3 中的断言方法做简单演示，代码如下所示。

```
1  <script>
2      QUnit.test( "hello test", function( assert ) {
3          var foo = 123;
4          var bar = { username : 'xiaoming' };
5          assert.ok( 1 == "1" );
6          assert.equal(foo , 123);
7          assert.notEqual(foo , 456);
8          assert.deepEqual(bar , { username : 'xiaoming' });
9      });
10 </script>
```

以上代码的测试结果如图 9.26 所示。

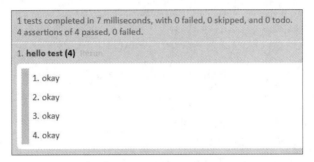

图 9.26　测试全部通过

接下来演示测试 DOM 元素，代码如下。

```
1  <body>
2      <div id="qunit"></div>
3      <div id="qunit-fixture">
4          <div id="box"></div>
5      </div>
6      <script>
7      QUnit.test( "hello test", function( assert ) {
8          $('#box').css('width',200);
9          assert.equal( $('#box').css('width') , 200);
10     });
11     </script>
12 </body>
```

以上代码的测试结果如图 9.27 所示。

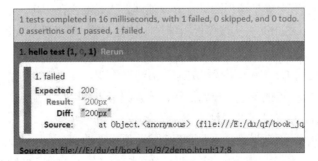

图 9.27　测试未通过

$('#box').css('width')返回结果为"200px"，不等于"200"，所以测试未通过。通过单元测试的代码更加健壮。

9.5 本章小结

通过本章的学习，读者应对一些 jQuery 高级用法有所掌握，如函数队列、回调对象、延迟对象等，还应对 jQuery 内部实现及一些常见方法有深入的体会。本章还介绍了一些 jQuery 周边生态，如模板引擎、单元测试等。

9.6 习题

1. 填空题

（1）_____、_____这两个工具方法分别表示入队与出队操作。

（2）创建回调对象，可以利用_____这个工具方法。

（3）_____工具创建出来的对象是延迟对象。

（4）$.Callbacks()方法的四个参数分别是：_____、_____、_____、_____。

（5）$.Callbacks()这个工具方法下有三个重要方法，分别是：_____、_____、_____。

2. 选择题

（1）下列说法中，错误的是（　　）。

　　A. $.queue()有两个参数，第一个参数表示当前元素，第二个参数表示入队函数

　　B. $.dequeue()有两个参数，第一个参数表示当前元素，第二个参数表示队列名

　　C. jQuery 中的 animate()动画方法就是利用函数队列来实现的

　　D. 创建回调对象可利用$.Callbacks()这个工具方法

（2）下列关于回调对象的描述中，错误的是（　　）。

　　A. add()方法用于往回调列表中添加回调函数，fire()方法用于去执行添加的回调函数

　　B. $.Deferred()工具创建出来的对象是延迟对象，它是$.Callbacks()的衍生品

　　C. fire()方法可以触发全部 add()添加的函数

　　D. $.Callbacks()方法的四个参数分别是 once、memory、unique、stopOnFalse

（3）下列关于模板引擎的选项中，说法不正确的是（　　）。

　　A. jQuery 并没有对模型与视图进行分离处理，代码混合在一起，难以维护

　　B. 利用原生 JavaScript 去实现模板引擎是比较复杂的，需要理解大量正则操作及复杂渲染模式等

　　C. 使用模板引擎的情况下，代码更加简洁

　　D. jQuery 对模型与视图进行分离处理，开发起来更加轻松、高效

（4）下列对于 QUnit 单元测试的说法不正确的是（　　）。

　　A. 要使用 QUnit 单元测试，首先需要下载 QUnit 文件

　　B. QUnit 单元测试在页面中会放置两个 div 标签，其中 id="quint"的标签表示测试主体区

域，id="quint-fixture"的标签表示进行 DOM 测试

  C. QUnit 单元测试使用 query()方法进行测试操作

  D. QUnit 单元测试使用 test()方法进行测试操作

（5）下列选项中，方法及其说明匹配的一组是（ ）。

  A. assert.ok ()值为 true 表示测试通过

  B. assert.equal ()对数组或对像进行测试，相等表示通过

  C. assert.notEqual ()两个参数相等表示测试通过

  D. assert.deepEqual()两个参数不相等表示测试通过

3.　思考题

回调对象的应用场景有哪些?

4.　编程题

现有一个 box 高、宽各为 100 像素，背景色为红色，现利用函数队列的入队操作，将背景色改为蓝色，然后利用动画特效将该 box 的宽度、高度各扩展至 300 像素，并向右浮动 300 像素。

第 10 章　jQuery 插件

本章学习目标

- 了解什么是 jQuery 插件
- 掌握常见的第三方 jQuery 插件的使用方法
- 掌握实现自定义插件的方法

插件是一种基于 jQuery 库、按照一定规范编写出来的程序。插件的好处非常多，例如：不常用的功能可以以插件的形式存在，而不影响到 jQuery 核心库的性能和体积。

jQuery 下的插件可以自定义实现，也可以由第三方提供。下面对这两种方式分别进行讲解。

10.1　常见插件

在第 1 章中，我们介绍过 jQuery 插件网络资源，只需要下载相关插件的文件，然后引入页面即可使用。

常见插件

10.1.1　cookie 插件

cookie 是在 HTTP 协议下，服务器或脚本维护特殊信息的一种方式。cookie 是由 Web 服务器保存在用户浏览器（客户端）上的小文本文件，可以包含用户信息。无论何时用户连接到服务器，Web 站点都可以访问 cookie 信息。

原生 JavaScript 并没有对 cookie 的操作进行封装，所以 cookie 的增、删、改、查都需要自己实现。jQuery 本身并没有提供 cookie 的操作方法，而是利用 jQuery 插件的方式来实现，既简单又方便。

cookie 插件的下载地址如图 10.1 所示。

首先下载插件文件，然后引入页面，注意，插件都是基于 jQuery 的，所以需要同时引入 jQuery 文件，还要注意文件引入的顺序。

图 10.1　cookie 插件下载地址

```
1  <script src="./jquery-3.2.2.js"></script>
2  <script src="./jquery.cookie.js"></script>
```

使用方法如下。

（1）新添加一个会话 cookie，实现 cookie 的设置操作，代码如下所示。

```
1  <script>
2      $.cookie('the_cookie', 'the_value');
3  </script>
```

注意：cookie 的操作需要在服务器环境下进行，直接打开一个 HTML 页面是拿不到 cookie 的。

创建完成后，在浏览器开发者工具的 Application 下找到 cookies，点开即可看见新添加的 cookie，如图 10.2 所示。

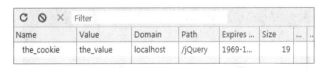

图 10.2　新添加的 cookie

（2）创建一个 cookie 并设置有效时间为 7 天，并且修改 cookie 的有效路径为根目录，代码如下所示。

```
1  <script>
2      $.cookie('the_cookie', 'the_value', { expires: 7, path: '/' });
3  </script>
```

运行上述代码，结果如图 10.3 所示。

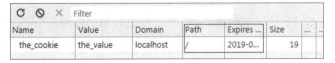

图 10.3　设置 cookie 配置操作

191

（3）读取和删除 cookie 的操作，代码如下所示。

```
1  <script>
2      console.log( $.cookie('the_cookie') );
3      $.cookie('the_cookie', null);
4      console.log( $.cookie('the_cookie') );
5  </script>
```

运行以上代码，可以看到给 cookie 属性设置 null 值表示删除该属性，如图 10.4 所示。

```
the_value
null
>  |
```

图 10.4　读取和删除 cookie 操作

10.1.2　日历插件

日历效果在网页开发中很常见，基于原生 JavaScript 或 jQuery 来实现都是比较复杂的，可直接使用第三方日历插件。

日历插件的下载地址如图 10.5 所示。

图 10.5　日历插件下载地址

首先下载插件文件，然后引入页面，注意，日历插件需要配合 CSS 文件，以便对日历进行美化，代码如下所示。

```
1  <script src="./jquery-3.2.2.js"></script>
2  <script src="./calendar.js"></script>
3  <link rel="stylesheet" href="./calendar.css">
```

使用方法如下。

（1）创建一个最基本的日历，包括宽、高、前进后退按钮、日历表头等，代码如下所示。

```
1  <body>
2      <div id="ca"></div>
```

```
3    <script>
4    $('#ca').calendar({
5        width: 320,
6        height: 200,
7        prev: '<',
8        next: '>',
9        weekArray: ['日', '一', '二', '三', '四', '五', '六']
10   });
11   </script>
12   </body>
```

运行以上代码，结果如图 10.6 所示。

图 10.6　创建基本日历

（2）给指定日期添加数据，并通过单击事件进行触发，代码如下所示。

```
1    <body>
2        <div id="ca"></div>
3        <script>
4        $('#ca').calendar({
5            width: 320,
6            height: 200,
7            prev: '<',
8            next: '>',
9            weekArray: ['日', '一', '二', '三', '四', '五', '六'],
10           data: [
11                {
12                    date: '2019/04/01',
13                    value: '愚人节'
14                },
15                {
16                    date: '2019/05/01',
17                    value: '五一劳动节'
18                }
19           ],
20           onSelected: function (view, date, data) {
21                console.log(data);
22           }
23       });
24       </script>
25   </body>
```

运行以上代码，结果如图 10.7 所示。当单击五月一日时，控制台中打印"五一劳动节"。

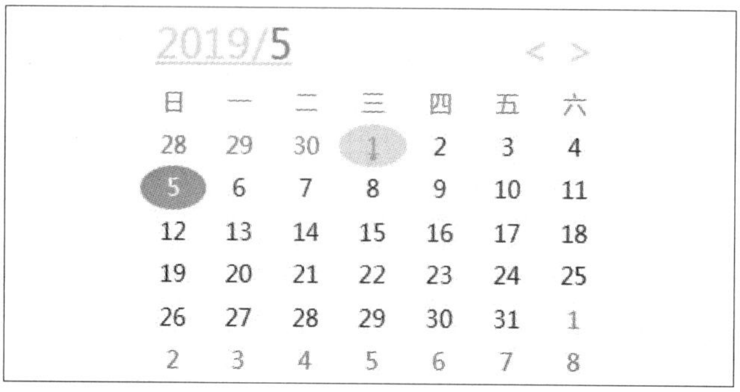

图 10.7 设置日历数据

（3）可以把日历插件与输入框结合，代码如下所示。

```
1   <body>
2       <input type="text" id="dt" placeholder="trigger calendar">
3       <div id="dd"></div>
4       <script>
5       $('#dd').calendar({
6           trigger: '#dt',
7           zIndex: 999,
8           format: 'yyyy-mm-dd',
9           onSelected: function (view, date, data) {
10              console.log(date);
11          },
12          onClose: function (view, date, data) {
13              console.log(date);
14          }
15      });
16      </script>
17  </body>
```

运行以上代码，可以看到，当单击输入框时，会弹出日历插件，选择指定日期后会按照 format 属性进行格式化渲染，如图 10.8 所示。

2019-5-7

图 10.8 设置单击弹出日历

10.1.3 轮播图插件

轮播图也是网页开发中常见的效果之一，利用第三方轮播图插件可以快速创建出多功能形式的效果。

轮播图插件的下载地址如图 10.9 所示。

首先下载插件文件，然后引入页面，注意，轮播图插件需要配合 CSS 文件，以便对轮播图进行美化，代码如下所示。

图 10.9　轮播图插件下载地址

```
1  <script src="./jquery-3.2.2.js"></script>
2  <script src="./slider.js"></script>
3  <link rel="stylesheet" href="./banner.css">
```

使用方法如下。

（1）创建一个最基本的轮播图，包括动画方式、运动方向等，代码如下所示。

```
1   <body>
2      <div id="demo01" class="flexslider">
3      <ul class="slides">
4         <li><div class="img">
5             <img src="./banner/1.jpg" height="150" width="470"></div></li>
6         <li><div class="img">
7             <img src="./banner/2.jpg" height="150" width="470"></div></li>
8         <li><div class="img">
9             <img src="./banner/3.jpg" height="150" width="470"></div></li>
10        <li><div class="img">
11             <img src="./banner/4.jpg" height="150" width="470"></div></li>
12        <li><div class="img">
13             <img src="./banner/5.jpg" height="150" width="470"></div></li>
14     </ul>
15     </div>
16     <script>
17     $('#demo01').flexslider({
18         animation: "slide",
19         direction:"horizontal",
20         easing:"swing"
21     });
22     </script>
23  </body>
```

运行以上代码，结果如图 10.10 所示。

（2）修改轮播图的轮播方向，从水平切换到垂直，并设置 2 秒的切换时间，每次切换结束都会
触发轮播图对象，代码如下所示。

```
1   <script>
2       $('#demo01').flexslider({
3           animation: "slide",
4           direction:"vertical",
5           animationSpeed:2000,
6           after: function (banner) {
7               console.log(banner);
8           }
9       });
10  </script>
```

运行以上代码，结果如图 10.11 所示。当切换到下一张图片时，会触发 after 事件，控制台中打印 banner 对象。

图 10.10　创建基本轮播图

图 10.11　设置轮播图事件

本节介绍了一些常见的第三方 jQuery 插件，除了基本操作外，它们还有很多可配置的参数，通过框架 API 可以看到所有可配置的参数，如图 10.12 所示。

```
d.flexslider.defaults = {                prevText: "Previous",
    namespace: "flex-",                  nextText: "Next",
    selector: ".slides > li",            keyboard: !0,
    animation: "fade",                   multipleKeyboard: !1,
    easing: "swing",                     mousewheel: !1,
    direction: "horizontal",             pausePlay: !1,
    reverse: !1,                         pauseText: "Pause",
    animationLoop: !0,                   playText: "Play",
    smoothHeight: !1,                    controlsContainer: "",
    startAt: 0,                          manualControls: "",
    slideshow: !0,                       sync: "",
    slideshowSpeed: 3000,                asNavFor: "",
    animationSpeed: 400,                 itemWidth: 0,
    initDelay: 0,                        itemMargin: 0,
    randomize: !1,                       minItems: 0,
    pauseOnAction: !0,                   maxItems: 0,
    pauseOnHover: !0,                    move: 0,
    useCSS: !0,                          start: function () {},
    touch: !0,                           before: function () {},
    video: !1,                           after: function () {},
    controlNav: !0,                      end: function () {},
    directionNav: !0,                    added: function () {},
                                         removed: function () {}
                                     };
```

图 10.12　轮播图插件可配置的参数

10.2　自定义插件

10.1 节介绍了一些常见的 jQuery 插件的使用方法，我们可以发现，插件都是基于 jQuery 库实现的扩展方法。开发人员也可以自己去实现自定义插件，一方面可以在自己的项目中定制功能，另一方面也可以提供开源插件，让更多的用户使用。

自定义插件

10.2.1 插件方法

插件分为两种模式：第一种类似于 10.1.1 中的插件，即$.methods()形式，也就是工具方法的扩展；第二种类似于 10.1.2、10.1.3 中的插件，即$().methods()形式，也就是实例方法的扩展。jQuery 通过$.extend()方法来进行工具形式的插件扩展，语法为：

```
$.extend(扩展的插件对象);
```

jQuery 有一个$.trim()工具方法，可以去掉字符串的前后空格。下面通过自定义组件的方式扩展一个类似的 myTrim()方法，代码如下所示。

```
1  <script>
2      $.extend({
3          myTrim(str){
4              return str.replace(/^\s+|\s+$/g,'');
5          }
6      });
7      var str = '  hello  ';
8      console.log( '(' + $.myTrim(str) + ')' );
9  </script>
```

运行以上代码，结果如图 10.13 所示。

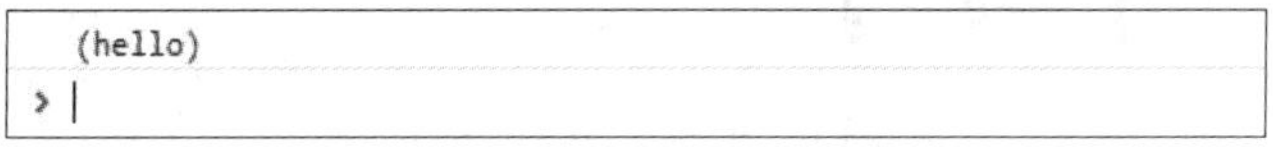

```
(hello)
> |
```

图 10.13　自定义 myTrim 插件

jQuery 通过$.fn.extend()方法来进行实例形式的插件扩展，语法为：

```
$.fn.extend(扩展的插件对象);
```

jQuery 中有一个 size()实例方法，可以获取当前元素的集合长度。下面通过自定义组件的方式扩展一个类似的 mySize()方法，代码如下所示。

```
1  <body>
2      <ul>
3          <li></li><li></li>
4          <li></li><li></li>
5      </ul>
6      <script>
7          $.fn.extend({
8              mySize(){
9                  return this.length;
10             }
11         });
12         console.log( $('li').mySize() );
```

```
13    </script>
14  </body>
```

运行以上代码，结果如图 10.14 所示。

```
  4
> |
```

图 10.14   自定义 mySize 插件

这里要注意 this 的指向，this 会指向$('li')集合。

10.2.2   自定义标签页

标签页效果也叫选项卡效果，是网页中常见的一种交互形式。图 10.15 所示为新浪网的标签页。

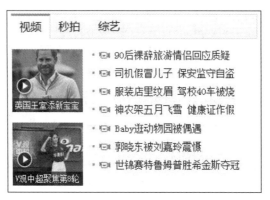

图 10.15   新浪网的标签页

现在来实现一个标签页效果的自定义插件。

（1）实现基本功能，可定制按钮内容、展示内容、事件交互形式，代码如下所示。

```
1   <style>
2   #table div{ width:200px; height:150px; border:1px black solid; display: none;}
3   #table div.show{ display: block;}
4   #table button.active{ background:red;}
5   </style>
6   <body>
7   <div id="table"></div>
8   <script>
9       (function($){
10          function tabs(options){
11              var defaults = {
12                  heads : [],
13                  bodys : [],
14                  event : 'click'
15              };
16              var settings = [];
17              var $parent = null;
18              settings = $.extend( settings , defaults , options );
19              $parent = this;
20              create();
```

```
21              bind();
22              function create(){
23                  $.each(settings.heads , (i,val)=>{
24                      var $button = $('<button>'+val+'</button>');
25                      $parent.append($button);
26                      if(i==0){
27                          $button.attr('class','active');
28                      }
29                  });
30                  $.each(settings.bodys , (i,val)=>{
31                      var $div = $('<div>'+val+'</div>');
32                      $parent.append($div);
33                      if(i==0){
34                          $div.attr('class','show');
35                      }
36                  });
37              }
38              function bind(){
39                  $parent.find('button').on(settings.event,function(){
40                      $(this).attr('class','active').siblings('button').attr('class','');
41 $parent.find('div').eq($(this).index('button')).attr('class','show'). siblings('div').
attr('class'
42   ,'');
43                  });
44              }
45          }
46          $.fn.extend({
47              tabs
48          });
49      })(jQuery);
50      $('#table').tabs({
51          heads : ['视频','秒拍','综艺'],
52          bodys : ['视频对应的列表内容','秒拍对应的列表内容','综艺对应的列表内容'],
53          event : 'mouseover'
54      });
55 </script>
56 </body>
```

运行以上代码，可以看到鼠标指针每移动到一个按钮时，文本框中的字体都会随之发生改变，如图 10.16 所示。

图 10.16 自定义标签页插件基本功能

在不设置配置参数的情况下，会以默认参数为主进行渲染，设置配置参数的情况下，会以配置参数为主进行渲染。

（2）给标签页切换按钮前和切换按钮后分别添加回调事件，这样可以定制一些副作用效果，代码如下所示。

```
1  <script>
2      var defaults = {
3          heads : [],
4          bodys : [],
5          event : 'click',
6          beforeChange : function(){},
7          afterChange : function(){}
8      };
9      //省略代码
10     function bind(){
11         $parent.find('button').on(settings.event,function(){
12             settings.beforeChange($(this));
13             $(this).attr('class','active').siblings('button').attr('class','');
14     $parent.find('div').eq($(this).index('button')).attr('class','show').siblings('div').attr('class'
15         ,'');
16             settings.afterChange($(this));
17         });
18     }
19     //省略代码
20     $('#table').tabs({
21         heads : ['视频','秒拍','综艺'],
22         bodys : ['视频对应的列表内容','秒拍对应的列表内容','综艺对应的列表内容'],
23         event : 'mouseover',
24         beforeChange($now){
25             $now.siblings('button').css('background','');
26         },
27         afterChange($now){
28             $now.css('background','blue');
29         }
30     });
31  </script>
```

运行以上代码，可以发现鼠标指针移动到一个按钮时，按钮颜色变蓝，其他按钮颜色还原，如图 10.17 所示。

图 10.17　自定义标签页插件附加效果

自定义标签页插件就实现到此，更多的功能可以不断进行完善，重点是掌握实现插件的基本原理。为了巩固对自定义插件的理解，下一节中将再实现一个弹窗插件。

10.2.3　自定义弹窗

弹窗效果在网页中也是常见的一种交互形式，图 10.18 所示为新浪网的弹窗。

图 10.18　新浪网的弹窗

现在来实现一个弹窗效果的自定义插件。

（1）实现基本功能，可定制弹窗标题、弹窗内容、事件交互形式，代码如下所示。

```
1  <body>
2  <button id="btn">单击弹窗</button>
3  <div id="dialog"></div>
4  <script>
5      (function($){
6          function dialogs(options){
7              var defaults = {
8                  title : '',
9                  content : '',
10                 show : false,
11                 handler : ''
12             };
13             var settings = {};
14             var $parent = null;
15             settings = $.extend( settings , defaults , options );
16             $parent = this;
17             create();
18             bind();
19             function create(){
20                 if(!settings.show){
21                     $parent.hide();
22                 }
23                 $parent.css({width:200,height:200,border:'1px black solid'});
24                 var $title = $('<h2>'+ settings.title +'</h2>');
25                 var $content = $('<p>'+ settings.content +'</p>');
26                 $parent.append($title);
27                 $parent.append($content);
28             }
29             function bind(){
```

```
30                      if(settings.handler){
31                          $(settings.handler).on('click',function(){
32                              $parent.show();
33                          });
34                      }
35                  }
36              }
37          $.fn.extend({
38              dialogs
39          });
40      })(jQuery);
41      $('#dialog').dialogs({
42          title : '通知',
43          content : '这是一个弹窗插件',
44          handler : '#btn'
45      });
46  </script>
47  </body>
```

运行以上代码，可以看到，当单击按钮时，会弹出一个窗口，这里只实现了功能，没有对样式进行设置，如图 10.19 所示。

图 10.19　自定义弹窗插件基本功能

（2）添加确认按钮和取消按钮，并设置对应的回调函数，代码如下所示。

```
1   <script>
2       var defaults = {
3           title : '',
4           content : '',
5           show : false,
6           handler : '',
7           okBtn : false,
8           cancelBtn : false,
9           okClick : function(){},
10          cancelClick : function(){}
11      };
12      function create(){
13          //省略代码
14          if(settings.okBtn){
15              var $btn = $('<button>ok</button>');
16              $parent.append($btn);
```

```
17                    $btn.click(function(){
18                        settings.okClick();
19                        hideDialog();
20                    });
21                }
22                if(settings.cancelBtn){
23                    var $btn = $('<button>cancel</button>');
24                    $parent.append($btn);
25                    $btn.click(function(){
26                        settings.cancelClick();
27                        hideDialog();
28                    });
29                }
30            }
31        function hideDialog(){
32            $parent.hide();
33        }
34        //省略代码
35        $('#dialog').dialogs({
36            title : '通知',
37            content : '这是一个弹窗插件',
38            handler : '#btn',
39            okBtn : true,
40            cancelBtn : true,
41            okClick(){
42                console.log('ok');
43            },
44            cancelClick(){
45                console.log('cancel');
46            }
47        });
48  </script>
```

运行以上代码，结果如图 10.20 所示。当单击对应按钮时，控制台中会打印出对应的信息。

图 10.20　自定义弹窗插件附加功能

10.3　本章小结

通过本章的学习，我们了解了什么是 jQuery 插件。在开发过程中为了提高开发速度与开发功能的稳定性，可以使用一些完善的第三方插件。利用$.extend()、$.fn.extend()接口，可以自己去实现一些自定义插件，定制自己的插件集群。

10.4　习题

1. 填空题

（1）cookie 是在 _____协议下，服务器或脚本维护客户工作站上信息的一种方式。

（2）cookie 是由 Web 服务器保存在用户_____上的小文本文件，它包含有关用户的信息。

（3）jQuery 中有一个_____工具方法，可以去掉字符串的前后空格。

（4）轮播图插件需要配合_____文件，以便对轮播图进行美化。

（5）轮播图也是网页开发中常见的效果之一，利用第三方_____插件可以快速创建出多功能形式的效果。

2. 思考题

为什么直接打开一个 HTML 页面不能获取 cookie 相关信息？

3. 编程题

在浏览器中创建 cookie，并读取。要求在浏览器开发者工具中实现图 10.21 所示效果，在浏览器页面中实现图 10.22 所示效果。

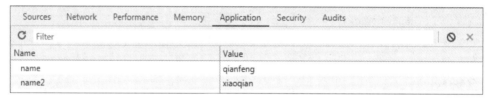

图 10.21　浏览器开发者调试工具

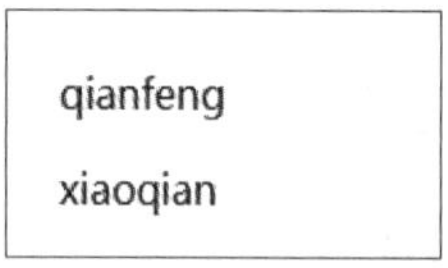

> qianfeng
>
> xiaoqian

图 10.22　网页打印结果

11 第 11 章　jQuery UI 组件

本章学习目标
- 了解 UI 组件和插件的区别
- 掌握 UI 组件的基础使用方法
- 掌握 UI 组件的核心组成及 Widget 工厂的用法

　　jQuery UI 组件是以 jQuery 为基础的 JavaScript 用户界面代码库，包含用户交互、动画、特效和带主题的可视控件等功能。

　　jQuery UI 组件跟 jQuery 插件类似，但也有很多区别，主要体现在三个方面，即功能性、统一性、中心性。

　　从功能性上来讲，jQuery 插件更多是从交互上来实现的，而 jQuery UI 组件不仅具备交互功能，还具备样式以及布局。从统一性上来讲，jQuery 插件更多是独立的，由不同的团队去维护，而 jQuery UI 组件是统一操作的，组件之间有很多类似的方法，是由 jQuery 官方团队进行维护的。从中心性上来讲，jQuery 插件是辅助 jQuery 库的，而 jQuery UI 组件占据主导地位，jQuery 库是辅助组件使用的。

11.1　UI 组件基础

　　在 UI 组件基础部分，我们将学习如何下载对应的文件以及如何将其引入页面，并进行一些基础和简单的操作，如添加动画、特效等。

11.1.1　引入文件

　　要使用 jQuery UI 组件，必须先下载对应的文件。jQuery UI 官方网站界面如图 11.1 所示。

　　单击网页中 Quick Downloads 下的 "Stable" 按钮，下载其稳定版本，并对其进行解压，解压后的文件目录如图 11.2 所示。

　　其中的 jquery-ui.css 为组件的样式文件，jquery-ui.js 为组件的逻辑文件。jquery-ui.min.css 和 jquery-ui.min.js 为压缩版文件，一般用于生产环境下。

图 11.1　jQuery UI 官方网站

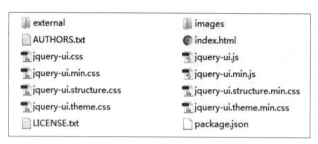

图 11.2　jQuery UI 文件目录

jquery-ui.structure.css 加上 jquery-ui.theme.css 等价于 jquery-ui.css，这里的 jquery-ui.theme.css 为皮肤样式，可以更改不同的皮肤样式来显示不同的界面效果，也可以直接采用默认的样式，即 jquery-ui.css 文件。

想要使用 jQuery UI，首先需要引入 jQuery 库，因为 UI 是基于 jQuery 的，然后再引入 UI 的样式和逻辑文件即可，引入文件代码如下所示。

```
1  <link rel="stylesheet" href="./jquery-ui.css">
2  <script src="./jquery-3.2.2.js"></script>
3  <script src="./jquery-ui.js"></script>
```

引入 UI 文件成功后，就可以使用 UI 组件进行项目的开发了。

11.1.2　UI 动画

在第 7 章中，我们学习了 jQuery 动画，知道 animate()方法下的动画形式只有 swing、linear 这两种。而 jQuery UI 组件提供了更多的可选运动形式，统称为 Easing，如图 11.3 所示。

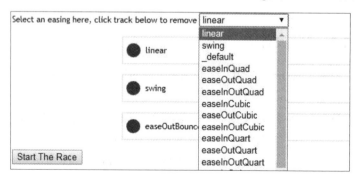

图 11.3　可选动画形式 Easing

接下来以 **easeOutBounce** 特效做演示，代码如下所示。

```
1  <style>
2  #box{ width:100px; height:100px; background:red;}
3  </style>
4  <body>
5  <div id="box"></div>
6  <script>
7  $('#box').animate({ width:200,height:200,backgroundColor:'blue'},1000,'easeOutBounce');
8  </script>
9  </body>
```

运行以上代码，可以看到，连背景色都可以进行动画操作，如图 11.4 所示。

图 11.4　Easing 动画设置

除了 animate()方法外，addClass()、removeClass()方法也可以添加动画效果，代码如下所示。

```
1   <style>
2       #box{ width:100px; height:100px; background:red;}
3       #box.end{ width:200px; height:200px; background:blue;}
4   </style>
5   <body>
6       <div id="box"></div>
7       <script>
8       $('#box').addClass('end',1000,'easeInBack');
9       </script>
10  </body>
```

运行以上代码，可以看到，添加了 end 样式后，元素实现了对应的动画效果。

11.1.3　UI 特效

UI 特效可以给当前元素添加一些特殊效果，特效属性如表 11.1 所示。

表 11.1　特效属性

属性	说明
blind	百叶窗
bounce	反弹
clip	剪切
drop	降落
explode	爆炸
fade	淡入淡出

续表

属性	说明
fold	折叠
puff	膨胀
pulsate	心跳
scale	收缩
shake	振动
size	尺寸
slide	滑动
transfer	转移

能够触发这些特殊效果的方法有 show()、hide()、toggle()、effect()。其中前三个方法读者应该不陌生，表示显示、隐藏、切换显示隐藏，即特效执行完毕后，会继续执行显示或隐藏操作，语法为：

```
$(当前元素).show(特效,[配置],[时间]);
$(当前元素). hide (特效,[配置],[时间]);
$(当前元素). toggle (特效,[配置],[时间]);
$(当前元素). effect(特效,[配置],[时间]);
```

演示代码如下所示。

```
1  <style>
2  #box{ width:100px; height:100px; background:red;}
3  </style>
4  <body>
5      <button id="btn">单击</button>
6      <div id="box"></div>
7      <script>
8  $('#btn').click(function(){
9          $('#box').toggle('shake',1000);
10     });
11     </script>
12  </body>
```

运行以上代码，可以看到，如果当前元素是显示的，那么执行完特效就会隐藏元素，反之亦然，如图 11.5 所示。

图 11.5　shake 左右振动特效

如果只是想单纯地添加特效，可以利用 effect()方法。

```
1  <script>
2      $('#btn').click(function(){
```

```
3            $('#box').effect('shake',1000);
4        });
5  </script>
```

运行以上代码，可以看到，只要单击按钮，当前元素就会左右振动。一些特效，还可以进行方向的设置，如 shake 默认是左右振动，下面将其改成上下振动。

```
1  <script>
2      $('#btn').click(function(){
3            $('#box').effect('shake',{direction:'up'},1000);
4        });
5  </script>
```

运行以上代码，可以发现单击按钮后，红色方块会上下振动。

11.2　UI 组件进阶

UI 组件进阶

在 UI 组件进阶部分，我们将学习 UI 交互、UI 控件，并了解 Widget 工厂模式，以便开发出具备统一标准接口的组件。

11.2.1　UI 交互

jQuery UI 组件中有五种常见的交互方法，如表 11.2 所示。

表 11.2　　　　　　　　　　　　　　　UI 交互方法

方法	说明
draggable()	允许使用鼠标移动元素
droppable()	为可拖曳小部件创建目标
resizable()	使用鼠标改变元素的尺寸
selectable()	使用鼠标选择单个元素或一组元素
sortable()	使用鼠标调整列表中元素的排序

每一种方法的 API 大概包含三部分：配置选项、方法、事件。

● draggable()

该方法可以实现使用鼠标移动元素，常见的 API 如图 11.6 所示。

Options	Methods	Events
addClasses	destroy	create
appendTo	disable	drag
axis	enable	start
cancel	instance	stop
classes	option	
connectToSortable	widget	
containment		

图 11.6　draggable()的 API

由于 API 比较多，这里只简单介绍一些 API 的使用说明，其余接口可举一反三。

（1）先看一下默认的拖曳操作，允许当前元素被自由拖曳，代码如下所示。

```
1  <style>
2  #draggable{ width:100px; height: 100px; background:red;}
3  </style>
4  <body>
5  <div id="draggable"></div>
6  <script>
7      $('#draggable').draggable();
8  </script>
9  </body>
```

（2）添加 axis 配置，使被拖曳的元素只能在某个方向上移动。例如，axis 设置为 x，表示只在水平方向上拖曳，代码如下所示。

```
1  <script>
2      $('#draggable').draggable({
3          axis : 'x'
4      });
5  </script>
```

（3）添加 handle 配置，这样可以只在局部触发拖曳操作。例如，给元素添加一个标题容器，使其只能在标题容器上拖曳，其他区域不允许拖曳，代码如下所示。

```
1   <body>
2   <div id="draggable">
3       <div id="title">拖曳的标题</div>
4   </div>
5   <script>
6       $('#draggable').draggable({
7           axis : 'x',
8           handle : '#title'
9       });
10  </script>
11  </body>
```

（4）添加 destroy 方法，可以销毁当前组件，被销毁的组件不再具备拖曳功能，代码如下所示。

```
1  <script>
2      $('#draggable').draggable();
3      $('#draggable').draggable('destroy');
4  </script>
```

（5）添加 disable 方法，可以禁用当前组件，与 destroy 的区别在于可以通过 enable 方法解禁，重新让组件生效，代码如下所示。

```
1  <script>
2      $('#draggable').draggable();
3      $('#draggable').draggable('disable');
4      setTimeout(()=>{
5          $('#draggable').draggable('enable');
```

```
6        },2000);
7   </script>
```

（6）添加 option 方法，可以随时随地改变配置选项。例如，修改初始的 axis 配置，从水平拖曳改成垂直拖曳，代码如下所示。

```
1   <script>
2       $('#draggable').draggable({
3           axis : 'x'
4       });
5       setTimeout(()=>{
6           $('#draggable').draggable('option','axis','y');
7       },2000);
8   </script>
```

（7）添加 create 事件，初始化完毕后触发，添加 start 事件，拖曳开始前触发，代码如下所示。

```
1   <script>
2       $('#draggable').draggable({
3           create(){
4               console.log('create');
5           },
6           start(){
7               console.log('start');
8           }
9       });
10  </script>
```

● droppable()

该方法为可拖曳小部件创建目标，常见的 API 如图 11.7 所示。

Options	Methods	Events
accept	destroy	activate
activeClass	disable	create
addClasses	enable	deactivate
classes	instance	drop
disabled	option	out
greedy	widget	over
hoverClass		

图 11.7　droppable ()的 API

可以发现，交互方法中的 API 很多都是具备相同功能的，尤其是方法和事件。这里简单介绍，其余接口可举一反三。

（1）添加 drop 事件，当拖曳元素被释放在目标元素上时，触发此事件，代码如下所示。

```
1   <style>
2   #draggable{ width:100px; height: 100px; background:red;}
3   #droppable{ width:200px; height: 200px; background:yellow;}
4   </style>
5   <body>
6   <div id="draggable"></div>
```

```
7   <div id="droppable">拖曳到此区域</div>
8   <script>
9       $('#draggable').draggable();
10      $('#droppable').droppable({
11          drop(){
12              $(this).css('background','blue');
13          }
14      });
15  </script>
16  </body>
```

运行以上代码，可以发现将红色小方块拖曳进来后，大方块的背景颜色变成了蓝色，如图 11.8 所示。

（2）添加 hoverClass 配置，当拖曳元素在目标元素上划过时，目标元素变为指定的样式，代码如下所示。

```
1   <style>
2   #droppable.now{ background: gray;}
3   </style>
4   <script>
5       $('#draggable').draggable();
6       $('#droppable').droppable({
7           hoverClass : 'now'
8       });
9   </script>
```

运行以上代码可以发现，拖曳时会触发背景颜色由蓝色变成灰色，如图 11.9 所示。

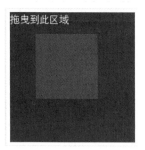

图 11.8 droppable ()的 drop 事件

图 11.9 droppable ()的 hoverClass 配置

- resizable()

该方法可以实现使用鼠标改变元素的尺寸，常见的 API 如图 11.10 所示。

Options	Methods	Events
alsoResize	destroy	create
animate	disable	resize
animateDuration	enable	start
animateEasing	instance	stop
aspectRatio	option	
autoHide	widget	
cancel		
classes		

图 11.10 resizable()的 API

212

（1）先看一下默认的改变元素尺寸操作，通过右下角图标改变元素大小，代码如下所示。

```
1  <style>
2  #resizable{ width:100px; height:100px; background:red;}
3  </style>
4  <body>
5  <div id="resizable"></div>
6  <script>
7      $('#resizable').resizable();
8  </script>
9  </body>
```

运行以上代码，当鼠标指针移动至右下角图标时，进行拖曳，可以改变红色块状区域的尺寸，如图 11.11 所示。

（2）添加 animate 配置，设定改变元素尺寸时是否具备动画效果，还可以添加一个辅助的类 ui-resizable-helper，这样在拖曳时可创建一个虚线框，代码如下所示。

```
1  <style>
2  .ui-resizable-helper{ border: 1px dotted gray; }
3  </style>
4  <div id="resizable" class="ui-resizable-helper"></div>
5  <script>
6      $('#resizable').resizable({
7          animate: true
8      });
9  </script>
```

运行以上代码，当拖曳红色块的右下角时，会先显示出一个虚线框，然后再将红色区域扩展至虚线框位置，如图 11.12 所示。

图 11.11 resizable()的默认配置

图 11.12 resizable()的动画配置

（3）添加宽、高配置，这样可以使当前元素的尺寸在一定的范围内变动。例如，maxWidth 设置为 150，表示改变后宽度最大不超过 150 像素，同理，minWidth 设置为 50，表示改变后宽度最小不小于 50 像素，代码如下所示。

```
1  <script>
2      $('#resizable').resizable({
3          maxHeight: 150,
4          maxWidth: 150,
5          minHeight: 50,
6          minWidth: 50
7      });
8  </script>
```

（4）添加 resize 事件，改变尺寸大小时会连续触发，代码如下所示。

```
1  <script>
2      $('#resizable').resizable({
3          resize(){
4              console.log('resize');
5          }
6      });
7  </script>
```

● selectable ()

该方法可以实现使用鼠标选择单个元素或一组元素，常见的 API 如图 11.13 所示。

Options	Methods	Events
appendTo	destroy	create
autoRefresh	disable	selected
cancel	enable	selecting
classes	instance	start
delay	option	stop
disabled	refresh	unselected
distance	widget	unselecting
filter		

图 11.13　selectable()的 API

（1）先看默认状态下如何选择元素。当鼠标单击列表项时进行单选操作，当鼠标划过列表项时进行多选操作，代码如下所示。

```
1  <style>
2  #selectable .ui-selecting { background: #FECA40; }
3  #selectable .ui-selected { background: #F39814; color: white; }
4  #selectable { list-style-type: none; margin: 0; padding: 0; width: 60%; }
5  #selectable li { margin: 3px; padding: 0.4em; font-size: 1.4em; height: 18px; }
6  </style>
7  <body>
8  <ul id="selectable">
9      <li class="ui-widget-content">Item 1</li>
10     <li class="ui-widget-content">Item 2</li>
11     <li class="ui-widget-content">Item 3</li>
12 </ul>
13 <script>
14     $("#selectable").selectable();
15 </script>
16 </body>
```

运行以上代码，在浏览器中可以发现，单击鼠标可以选中一个选框，长按鼠标左键移动鼠标可以选择多个选框，如图 11.14 所示。

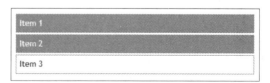

图 11.14　selectable()的默认配置

（2）添加 distance 配置，设定鼠标左键按下后在开始前选择必须移动的距离，以像素计。如果指定了该选项，只有在鼠标拖曳超出指定距离时选择才会开始。该配置可以防止误选，代码如下所示。

```
1  <script>
2      $( "#selectable" ).selectable({
3          distance: 30
4      });
5  </script>
```

（3）添加 selected 事件，选中指定列表项时将触发该事件，第一个事件参数为 event 对象，第二个事件参数为指定列表项，代码如下所示。

```
1  <script>
2      $("#selectable").selectable({
3          selected( event, now ){
4              console.log( now );
5          }
6      });
7  </script>
```

- sortable()

该方法可以实现使用鼠标调整列表中元素的排序，常用 API 如图 11.15 所示。

Options	Methods	Events
appendTo	cancel	activate
axis	destroy	beforeStop
cancel	disable	change
classes	enable	create
connectWith	instance	deactivate
containment	option	out
cursor	refresh	over
cursorAt	refreshPositions	receive

图 11.15 sortable()的 API

（1）先看默认的列表项排序，当前列表项可以自由拖曳，并重新排序，代码如下所示。

```
1  <style>
2  #sortable { list-style-type: none; margin: 0; padding: 0; width: 60%; }
3  #sortable li { margin: 3px; padding: 0.4em; font-size: 1.4em; height: 18px; }
4  </style>
5  <body>
6  <ul id="sortable">
7      <li class="ui-widget-content">Item 1</li>
8      <li class="ui-widget-content">Item 2</li>
9      <li class="ui-widget-content">Item 3</li>
10  </ul>
11  <script>
12      $('#sortable').sortable();
13  </script>
14  </body>
```

运行以上代码可以发现，鼠标拖曳一个列表项时可以移动该列表项的位置，本次将第一个列表项下拉至底层，如图 11.16 所示。

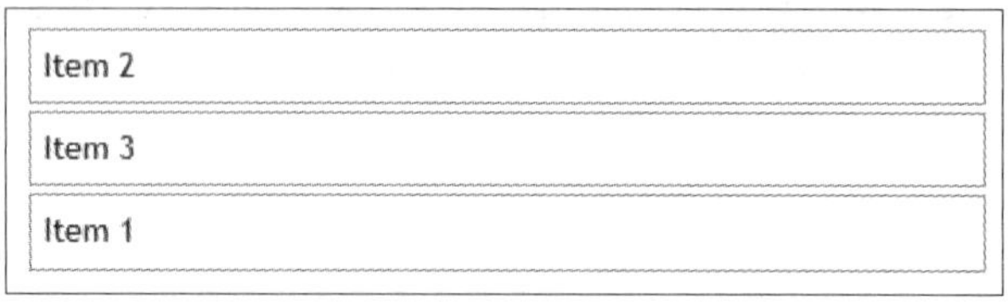

图 11.16　sortable()的默认配置

（2）添加 opacity 配置，可以对当前移动的列表项进行透明度设置。例如，opacity 设置为 0.5，表示半透明，代码如下所示。

```
1  <script>
2      $('#sortable').sortable({
3          opacity : 0.5
4      });
5  </script>
```

运行以上代码可以发现，选中的列表项在移动的过程中会变成半透明状，如图 11.17 所示。

Item 2

Item 1

Item 3

图 11.17　sortable()的透明度配置

（3）添加 revert 配置，中途释放列表项时，该列表项回到原来的排序位置，代码如下所示。

```
1  <script>
2      $('#sortable').sortable({
3          opacity : 0.5,
4          revert : true
5      });
6  </script>
```

11.2.2　UI 控件

UI 控件是功能齐全的用户界面模块，为 Web 带来丰富的桌面应用程序。所有的 UI 控件都提供了一个坚实的核心，有大量的扩展点用于定制行为，以及完全的主题化支持，如表 11.3 所示。

表 11.3　　　　　　　　　　　　　　　　　　　UI 控件

方法	说明
accordion()	折叠面板
autocomplete()	自动完成
button()	按钮
checkboxradio()	复选与单选
controlgroup()	控件组

方法	说明
datepicker()	日期选择器
dialog()	对话框
menu()	菜单
progressbar()	进度条
selectmenu()	下拉菜单
slider()	滑块
spinner()	旋转器
tabs()	标签页
tooltip()	工具提示框

下面对一些 UI 控件进行讲解，其余控件的使用方法可举一反三。

● accordion()

该方法可以实现折叠面板，常用的 API 如图 11.18 所示。

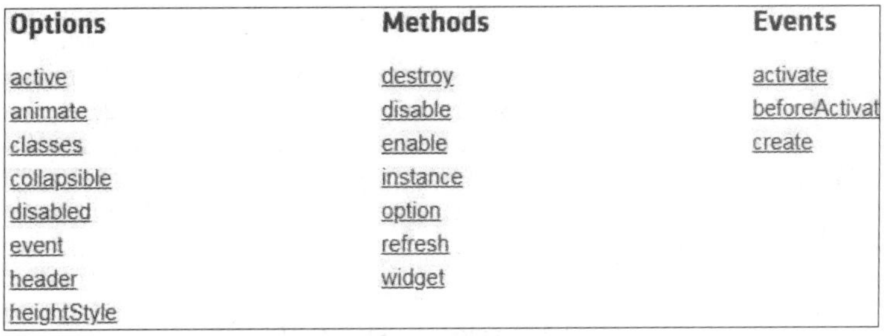

图 11.18　accordion() 的 API

（1）先看默认的折叠面板，注意，需要配合结构和样式来完成，代码如下所示。

```
1  <body>
2      <div id="accordion">
3          <h3>First</h3>
4          <div>Lorem ipsum dolor sit amet. Lorem ipsum dolor sit amet. Lorem ipsum dolor
5  sit amet.</div>
6          <h3>Second</h3>
7          <div>Phasellus mattis tincidunt nibh.</div>
8          <h3>Third</h3>
9          <div>Nam dui erat, auctor a, dignissim quis.</div>
10     </div>
11     <script>
12         $( "#accordion" ).accordion();
13     </script>
14 </body>
```

运行以上代码，单击 Second 左侧的小三角，即可展开折叠面板，如图 11.19 所示。

（2）添加 event 配置，可以改变用户与折叠面板的交互方式。默认情况下为 click（单击），下面改成 mouseover（鼠标移入），代码如下所示。

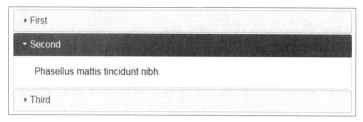

图 11.19　accordion()的默认配置

```
1  <script>
2      $( "#accordion" ).accordion({
3          event: "mouseover"
4      });
5  </script>
```

- autocomplete()

该方法可以实现输入提示自动完成，常用的 API 如图 11.20 所示。

Options	Methods	Events
appendTo	close	change
autoFocus	destroy	close
classes	disable	create
delay	enable	focus
disabled	instance	open
minLength	option	response
position	search	search
source	widget	select

图 11.20　autocomplete()的 API

（1）先看默认的自动完成，需要设置提示所对应的相关数据，代码如下所示。

```
1  <body>
2      <div>
3          <input id="autocomplete" title="type &quot;a&quot;">
4      </div>
5      <script>
6      var availableTags = [
7          "ActionScript",
8          "AppleScript",
9          "Asp",
10         "BASIC",
11         "C",
12         "C++",
13         "Clojure",
14         "COBOL",
15         "ColdFusion",
16         "Erlang",
17         "Fortran",
18         "Groovy",
19         "Haskell
20     ];
21     $( "#autocomplete" ).autocomplete({
```

```
22          source: availableTags
23      });
24      </script>
25  </body>
```

运行以上代码，在浏览器输入框中输入字母 a，输入框下方会提示含有字母 a 的单词，如图 11.21 所示。

图 11.21　autocomplete()的默认配置

（2）添加 delay 配置，可以延迟显示提示菜单。delay 设置为 500，表示会延迟 0.5 秒展示提示菜单，代码如下所示。

```
1  <script>
2      $( "#autocomplete" ).autocomplete({
3          source: availableTags,
4          delay: 500
5      });
6  </script>
```

- button()

该方法可以实现按钮控件，常用的 API 如图 11.22 所示。

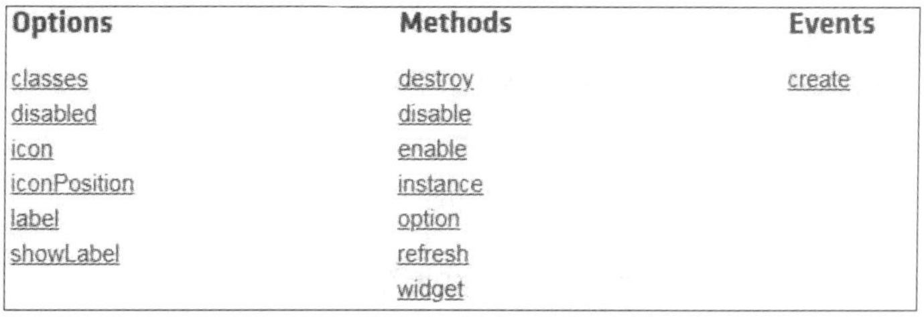

Options	Methods	Events
classes	destroy	create
disabled	disable	
icon	enable	
iconPosition	instance	
label	option	
showLabel	refresh	
	widget	

图 11.22　button()的 API

（1）先看默认的按钮控件，代码如下所示。

```
1  <body>
2  <button id="button">A button element</button>
3  <script>
4      $("#button").button();
5  </script>
6  </body>
```

运行以上代码，浏览器中会呈现一个按钮，如图 11.23 所示。

A button element

图 11.23　button()的默认配置

（2）添加 icon 配置，可以在按钮中加一个指定的小图标。例如，ui-icon-gear 类表示设置图标，代码如下所示。

```
1  <script>
2      $("#button").button({
3          icon: "ui-icon-gear"
4      });
5  </script>
```

运行以上代码，可以发现先前的按钮中多了一个小图标，如图 11.24 所示。

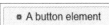

图 11.24　button()的 icon 配置

11.2.3　Widget 工厂

Widget 工厂也叫 UI 部件库，是一个可扩展的基础库，所有的 jQuery UI 控件都是在它上面创建的。使用 Widget 工厂来创建插件，便于进行状态管理，同时也为一些常见的任务提供了方便，如暴露插件方法，实例化后改变选项等。

Widget 工厂常用的 API 如图 11.25 所示。

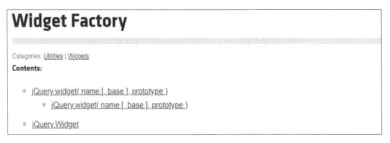

图 11.25　Widget 工厂的 API

下面利用 Widget 工厂来实现一个自定义的进度条 UI 控件。

（1）实现基本功能，可定制进度值、进度单位，进度条宽度等，代码如下所示，

```
1  <body>
2  <div id="myProgress"></div>
3  <script>
4      $.widget('qf.myProgress',{
5          options : {
6              number : 0,
7              ut : '%',
8              width:300
9          },
10         _create(){
11             var val = this.options.number + this.options.ut;
12             this.element.html(val);
13             this.element.css({ width : this.options.width , border : '1px black solid',
14 textAlign : 'center' });
```

```
15          },
16          _setOption(key,value){
17              if(key == 'number'){
18                  this.options.number = value;
19                  var val = this.options.number + this.options.ut;
20                  this.element.html(val);
21              }
22          }
23      });
24      $('#myProgress').myProgress({
25          number : 50
26      });
27  </script>
28  </body>
```

运行以上代码，浏览器中呈现出图 11.26 所示的进度条。

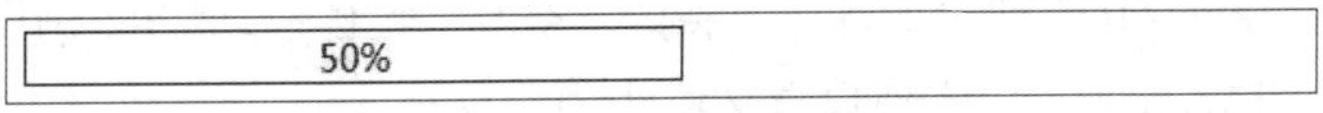

图 11.26 自定义进度条控件

（2）给自定义进度条添加一个鼠标按下事件，这需要用到内部的$.ui.mouse 交互。在 Widget 方法的第二个参数中进行配置，然后在 _create 中进行初始化调用，代码如下所示。

```
1  <script>
2      $.widget('qf.myProgress',$.ui.mouse,{
3          options : {
4              number : 0,
5              ut : '%',
6              width:300,
7              down(){}
8          },
9          _create(){
10              var val = this.options.number + this.options.ut;
11              this.element.html(val);
12              this.element.css({ width : this.options.width , border : '1px black solid',
13  textAlign : 'center' });
14              this._mouseInit();
15          },
16          _setOption(key,value){
17              if(key == 'number'){
18                  this.options.number = value;
19                  var val = this.options.number + this.options.ut;
20                  this.element.html(val);
21              }
22          },
23          _mouseDown(){
24              this.options.down.call(this.element);
25          }
26      });
27      $('#myProgress').myProgress({
28          number : 50,
29          down(){
30              $(this).css('background','red');
```

```
31              }
32          });
33  </script>
```

运行以上代码，可以看到，当单击进度条时，会触发 down()方法，给指定的进度条添加红色背景，如图 11.27 所示。

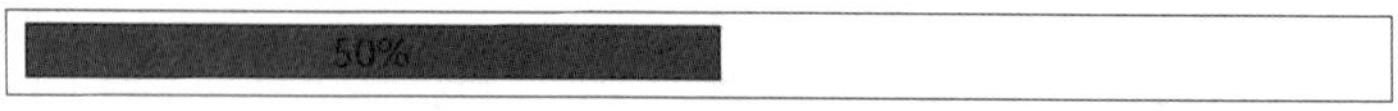

图 11.27 给进度条添加事件

11.3 本章小结

通过本章的学习，读者能够了解 jQuery UI 的相关组件给网页带来的诸多渲染特性，了解其与插件的区别。本章重点讲解了 UI 组件中的动画、特效、交互、控件等功能的使用，还讲解了一些基础 UI 组件的扩展，如利用 Widget 工厂实现自定义控件。

11.4 习题

1. 填空题

（1）插件的解压目录中_____为组件的样式文件，_____为组件的逻辑文件。

（2）除了 animate()方法外，_____、_____方法也可以添加动画效果。

（3）_____方法允许使用鼠标移动元素。

（4）添加_____配置，可以改变用户与折叠面板的交互方式。

（5）能够触发特效的方法有_____、_____、_____、_____。

2. 选择题

（1）下列属性中（　　）不是 UI 特效。

    A. blind

    B. bounce

    C. clip

    D. change

（2）关于 jQuery UI 组件中常见的交互方式，说法错误的是（　　　）。

    A. draggable()方法可以实现允许使用鼠标移动元素

    B. droppable()方法为可拖曳小部件创建目标

    C. resizable()方法可以实现使用鼠标选择单个元素或一组元素

    D. sortable()方法可以实现使用鼠标调整列表中元素的排序

（3）下列关于 UI 控件的选项中，说法不正确的是（　　　）。

    A. accordion()方法可以实现折叠面板

    B. 添加 event 配置，可以改变用户与折叠面板的交互方式

    C. autocomplete()方法可以实现进度条

D. 添加 delay 配置，可以延迟显示提示菜单

（4）下列关于 UI 动画描述中，说法不正确的是（　　）。

A. animate()方法下的动画形式只有 swing、linear 这两种

B. animate()方法外，addClass()、removeClass()方法也可以添加动画效果

C. easeOutBounce 不是 jQuery UI 中的特效

D. jQuery UI 组件提供了更多的可选运动形式，统称为 Easing

（5）下列选项中，说法错误的是（　　）。

A. checkboxradio()方法可以实现下拉菜单

B. controlgroup()方法可以实现控件组

C. datepicker()方法可以实现日期选择器

D. dialog()方法可以实现对话框

3. 思考题

jQuery 中怎样实现振动特效？

4. 编程题

编写代码，要求满足输入提示自动完成功能，如图 11.28 所示，在输入框中输入关键字"千"后输入框下自动提示包含"千"字的所有地址信息。

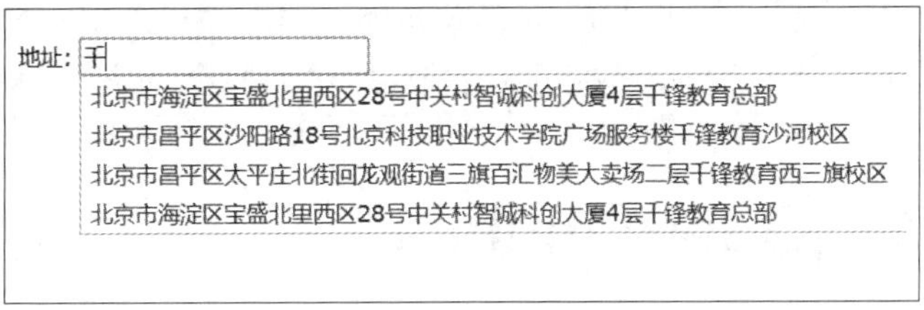

图 11.28　自动提示

第 12 章　jQuery 移动开发

本章学习目标

- 了解一些常见的移动端类库
- 了解移动端事件与响应式布局
- 掌握 jQuery 移动端开发框架的基本使用方法

在 4G 时代，手机应用炙手可热，由于手机携带方便，是生活必备随身用品，而且信号覆盖广，操作便捷，因此人们对其给予了越来越高的期望。

移动开发是当下的热门技术，jQuery 为此也提供了相关的操作，并且衍生出了很多基于 jQuery 的移动开发框架，本章将全面进行讲解。

12.1　jQuery mobile

jQuery mobile 是一个基于 HTML5 的用户界面系统，旨在打造所有智能手机、平板电脑和桌面设备都可以访问的响应式网站和应用程序。

jQuery mobile

jQuery mobile 框架可以通过 jQuery 官方网站进入，界面如图 12.1 所示。

图 12.1　jQuery mobile 官方网站

使用 jQuery mobile 和 jQuery UI 组件类似，也需要引入相应的文件。单击 "Latest stable" 按钮，下载最新稳定版本。

下载压缩包后，解压文件，其中 jquery.mobile-1.4.5.css 为样式文件，jquery.mobile-1.4.5.js 为逻辑文件，基于 jQuery 1.8 到 jQuery 1.12 之间的版本，所以要注意引入文件的顺序和文件的版本类型。

还要注意在移动端需要设置 viewport（视口），让视口自适应浏览器当前尺寸，代码如下所示。

```
1  <meta name="viewport" content="width=device-width,initial-scale=1.0,minimum-
2  scale=1.0,maximum-scale=1.0,user-scalable=no">
3  <link rel="stylesheet" href="./jquery.mobile-1.4.5.css">
4  <script src="./jquery-1.11.1.js"></script>
5  <script src="./jquery.mobile-1.4.5.js"></script>
```

12.1.1　基础布局

jQuery mobile 是通过自定义属性 data 方式来实现基础布局和交互行为的。其中 data-role 用来定义布局结构，表 12.1 列出了一些常见的属性值。

表 12.1　　　　　　　　　　　　　　　　data-role 属性

属性值	说明
page	页面
header	头部
content	主体
footer	尾部
listview	列表
navbar	导航
button	按钮

接下来对部分属性值做简单演示，代码如下所示。

```
1  <body>
2      <div data-role="page">
3          <div data-role="header">
4              <h1>jQuery 入门到实战</h1>
5          </div>
6          <div data-role="content">
7              <ul data-role="listview">
8                  <li><a href="#">第一章</a></li>
9                  <li><a href="#">第二章</a></li>
10                 <li><a href="#">第三章</a></li>
11             </ul>
12         </div>
13         <div data-role="footer">
14             <div data-role="navbar">
15                 <ul>
16                     <li><a href="#">关于教材</a></li>
17                     <li><a href="#">联系我们</a></li>
18                     <li><a href="#">目录大纲</a></li>
19                 </ul>
```

```
20              </div>
21          </div>
22      </div>
23 </body>
```

运行以上代码，结果如图 12.2 所示。

图 12.2　data-role 布局结构

通过 data-role="button"的方式可以添加按钮到页面中，默认按钮类型为块，可以通过 data-inline="true"改成内联方式，按钮自适应文字宽。还可以在按钮文字前添加装饰小图标，通过 class 样式实现，如 ui-btn ui-btn-inline ui-icon-search ui-btn-icon-left ui-corner-all ui-shadow，代码如下所示。

```
1 <body>
2     <div data-role="content">
3         <button data-role="button">链接一</button>
4         <button data-role="button" data-inline="true">链接二</button>
5         <button data-role="button" data-inline="true" class="ui-btn ui-btn-inline ui-icon-
6 search ui-btn-icon-left ui-corner-all ui-shadow">链接三</button>
7     </div>
8 </body>
```

运行以上代码，结果如图 12.3 所示。

图 12.3　添加按钮样式

可以通过 data-theme 来设置主题样式，默认取值为 a，可选的值还有 b，表示深色系主题样式，代码如下所示。

```
1 <body>
2     <div data-role="page" data-theme="b">
3         <!-- 省略代码 -->
4     </div>
5 </body>
```

通过 data-theme 设置主题样式后的效果如图 12.4 所示。

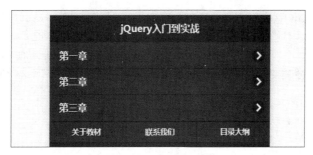

图 12.4　改变主题样式

12.1.2　页面交互

jQuery mobile 可以实现很多与用户交互的行为，如页面间跳转、滑动轮播等。

1. 页面间跳转

在 jQuery mobile 中，展示区域跳转切换是通过一个页面来完成的，这种方式在移动端开发中非常流行，一般叫作单页面应用开发。

页面是通过 id 属性来进行控制的，代码如下所示。

```html
<body>
    <div id="index" data-role="page">
        <div data-role="header">
            <h1>jQuery 入门到实战</h1>
        </div>
        <div data-role="content">
            <ul data-role="listview">
                <li><a href="#">第一章</a></li>
                <li><a href="#">第二章</a></li>
                <li><a href="#">第三章</a></li>
            </ul>
            <br>
            <button data-role="button"><a href="#detail">jQuery 简介</a></button>
        </div>
        <div data-role="footer">
            <div data-role="navbar">
                <ul>
                    <li><a href="#">关于教材</a></li>
                    <li><a href="#">联系我们</a></li>
                    <li><a href="#">目录大纲</a></li>
                </ul>
            </div>
        </div>
    </div>
    <div id="detail" data-role="page">
        <div data-role="header">
            <h1>jQuery 简介</h1>
            <a href="#index" data-icon="arrow-l">返回</a>
        </div>
        <div data-role="content">
```

```
31                   jQuery 是一个快速、简洁的 JavaScript 框架，是继 Prototype 之后又一个
32  优秀的 JavaScript 代码库（或 JavaScript 框架）。jQuery 设计的宗旨是"write less, do
33  more"，即倡导写更少的代码，做更多的事情。它封装 JavaScript 常用的功能代码，提
34  供一种简便的 JavaScript 设计模式，优化 HTML 文档操作、事件处理、动画设计和 AJAX
35  交互。
36        </div>
37        <div data-role="footer">
38            <div data-role="navbar">
39                <ul>
40                    <li><a href="#">关于教材</a></li>
41                    <li><a href="#">联系我们</a></li>
42                    <li><a href="#">目录大纲</a></li>
43                </ul>
44            </div>
45        </div>
46    </div>
47 </body>
```

运行以上代码，可以看到，当单击首页"jQuery 简介"按钮时，会跳转到详情页，同样，在详情页单击"返回"按钮时，也会跳转回首页，如图 12.5 所示。

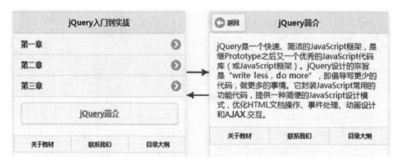

图 12.5　首页与详情页切换

默认情况下切换页面的效果是淡入淡出，可以通过 data-transition 属性来设置其他动画形式，从而满足不同的需求，代码如下所示。

```
1  <body>
2      <!-- index -->
3      <button data-role="button"><a href="#detail" data-transition="slide">jQuery 简介
4  </a></button>
5      <!-- detail -->
6      <a href="#index" data-icon="arrow-l" data-transition="slide">返回</a>
7  </body>
```

通过设置 data-transition 属性值为 slide，可以实现水平方向的滑屏切换，不过都是朝一个方向运动，即从右向左运动。如果想实现往返的动画效果，就需要设置 data-direction 属性值为 reverse，这样就可以实现首页到详情页为从右向左切换，详情页到首页为从左向右切换，代码如下所示。

```
1  <body>
2      <!-- index -->
```

```
3        <button data-role="button"><a href="#detail" data-transition="slide">jQuery简介
4    </a></button>
5        <!-- detail -->
6        <a href="#index" data-icon="arrow-l" data-transition="slide" data-direction="reverse">
7    返回</a>
8    </body>
```

2. 滑动轮播

滑动轮播是常见的移动端交互行为，在 jQuery mobile 中添加滑动轮播需要配合 jQuery 来完成，代码如下所示。

```
1    <style>
2    *{ margin:0;padding: 0;}
3    ul{ list-style: none;}
4    #banner{ width:100%; height:150px; position: relative; margin:0 auto; overflow: hidden;}
5    #banner ul{ position: absolute; left: 0; top: 0; width:3000px;}
6    #banner li{ float: left;}
7    </style>
8    <body>
9        <div data-role="page">
10           <div data-role="header">
11                   <h1>jQuery 入门到实战</h1>
12           </div>
13           <div data-role="content">
14               <div id="banner">
15                   <ul>
16                     <li><img src="./banner/1.jpg" height="150" width="470" alt=""></li>
17                     <li><img src="./banner/2.jpg" height="150" width="470" alt=""></li>
18                     <li><img src="./banner/3.jpg" height="150" width="470" alt=""></li>
19                     <li><img src="./banner/4.jpg" height="150" width="470" alt=""></li>
20                     <li><img src="./banner/5.jpg" height="150" width="470" alt=""></li>
21                   </ul>
22               </div>
23           </div>
24           <div data-role="footer">
25               <div data-role="navbar">
26                   <ul>
27                     <li><a href="#">关于教材</a></li>
28                     <li><a href="#">联系我们</a></li>
29                     <li><a href="#">目录大纲</a></li>
30                   </ul>
31               </div>
32           </div>
33       </div>
34       <script>
35       $(document).mousedown(function(){
36           return false;
37       });
38       var iNow = 0;
39       $('#banner').on('swipeleft',function(){
40           if( iNow != $(this).find('li').length-1 ){
41                   iNow++;
```

```
42                  }
43                  $(this).find('ul').animate({left : -470*iNow});
44              });
45              $('#banner').on('swiperight',function(){
46                  if( iNow != 0 ){
47                      iNow--;
48                  }
49                  $(this).find('ul').animate({left : -470*iNow});
50              });
51          </script>
52      </body>
```

运行以上代码，可以通过手指对轮播图进行左右滑动切换操作，如图 12.6 所示。

图 12.6　滑动轮播

12.2　其他框架

其他框架

除了 jQuery 官方推出的 jQuery mobile 框架外，还有很多基于 jQuery 的第三方移动框架，利用它们自身的特性来实现对应的移动开发功能，也是一个不错的选择。

12.2.1　Zepto

Zepto 是用于移动开发的 JavaScript 库，适用于现代浏览器，有着与 jQuery 类似的 API。如果你使用过 jQuery，那么你已经知道如何使用 Zepto 了。

Zepto 中绝大部分的 API 跟 jQuery 完全相同，只是多了一些专门针对移动开发的 API，如 tap 等移动端触摸事件，iOS 兼容处理等。可以把 Zepto 看成移动版本的 jQuery。

要使用 Zepto 首先需要下载文件，Zepto 官方网站，界面如图 12.7 所示。

图 12.7　Zepto 官方网站

这里要注意，默认情况下，Zepto 是不包含移动开发相关 API 的，需要手动添加移动端的相应模块，如图 12.8 所示。

module	default	description
zepto	✓	Core module; contains most methods
event	✓	Event handling via `on()` & `off()`
ajax	✓	XMLHttpRequest and JSONP functionality
form	✓	Serialize & submit web forms
ie	✓	Add support for Internet Explorer 10+ on desktop and Windows Phone 8.
detect		Provides `$.os` and `$.browser` information
fx		The `animate()` method
fx_methods		Animated `show`, `hide`, `toggle`, and `fade*()` methods.
assets		Experimental support for cleaning up iOS memory after removing image elements from the DOM.
data		A full-blown `data()` method, capable of storing arbitrary objects in memory.
deferred		Provides `$.Deferred` promises API. Depends on the "callbacks" module. When included, `$.ajax()` supports a promise interface for chaining callbacks.
callbacks		Provides `$.Callbacks` for use in "deferred" module.
selector		Experimental jQuery CSS extensions support for functionality such as `$('div:first')` and `el.is(':visible')`.
touch		Fires tap– and swipe–related events on touch devices. This works with both `touch` (iOS, Android) and `pointer` events (Windows Phone).
gesture		Fires pinch gesture events on touch devices
stack		Provides `andSelf` & `end()` chaining methods

图 12.8 Zepto 默认 API 情况

通过 git 工具先去 github 下载 Zepto 源文件，命令如图 12.9 所示。

```
Administrator@qianfeng-PC MINGW32 /e/du/qf/book_jq/12
$ git clone https://github.com/madrobby/zepto.git
Cloning into 'zepto'...
```

图 12.9 git 工具下载 Zepto 源码

然后通过 npm 方式添加移动相关模块，这里把所有模块添加进去，生成 Zepto.js 完整文件，具体操作命令如图 12.10 所示。

```
E:\du\qf\book_jq\12\zepto>cnpm install
√ Installed 4 packages
√ Linked 26 latest versions
√ Run 0 scripts
deprecate coffee-script@1.5.x CoffeeScript on NPM has moved
deprecate express@3.1.2 › connect@2.7.5 connect 2.x series i
√ All packages installed (31 packages installed from npm re
kB/s, json 30(130.19kB), tarball 384.49kB)

E:\du\qf\book_jq\12\zepto>SET MODULES=zepto event ajax form
rred callbacks selector touch gesture stack ios3

E:\du\qf\book_jq\12\zepto>cnpm run-script dist

> zepto@1.2.0 dist E:\du\qf\book_jq\12\zepto
> coffee make dist

dist/zepto.js: 90.7 KiB
```

图 12.10 生成 Zepto.js 文件

Zepto 常见的 API 跟 jQuery 没有区别，这里不再赘述。重点看一下 Zepto 中的移动端触摸事件，如表 12.2 所示。

表 12.2　　　　　　　　　　　　　　　　　触摸事件

事件	说明
swipe	滑屏
swipeLeft	向左滑屏
swipeRight	向右滑屏
swipeUp	向上滑屏
swipeDown	向下滑屏
doubleTap	双击
tap	单指触摸
singleTap	单击
longTap	长按
pinch	双指触摸
pinchIn	双指收缩
pinchOut	双指展开

接下来就触摸事件操作做简单演示，代码如下所示。

```
1  <style>
2  #box{ width:100px; height:100px; background:red;}
3  </style>
4  <body>
5  <div id="box"></div>
6  <script>
7      $('#box').on('swipe',function(){
8          console.log('swipe');
9      });
10     $('#box').on('swipeLeft',function(){
11         console.log('swipeLeft');
12     });
13     $('#box').on('swipeRight',function(){
14         console.log('swipeRight');
15     });
16     $('#box').on('tap',function(){
17         console.log('tap');
18     });
19     $('#box').on('singleTap',function(){
20         console.log('singleTap');
21     });
22     $('#box').on('doubleTap',function(){
23         console.log('doubleTap');
24     });
25     $('#box').on('longTap',function(){
26         console.log('longTap');
27     });
28     $('#box').on('pinch',function(){
29         console.log('pinch');
30     });
31     $('#box').on('pinchIn',function(){
32         console.log('pinchIn');
33     });
```

```
34        $('#box').on('pinchOut',function(){
35            console.log('pinchOut');
36        });
37  </script>
38  </body>
```

这里要注意 tap 事件与 singleTap 事件之间的区别，单击时它们没有任何区别，但是如果进行双击的话，tap 事件会触发两次，而 singleTap 事件不会触发。

还要注意 swipe 事件，无论向哪个方向进行滑动，都会触发 swipe 事件。同理，pinch 事件无论双指是收缩还是展开都会触发（双指操作需要在真机环境下进行测试）。

12.2.2　Swiper

Swiper 常用于移动端网站的内容触摸滑动，可实现触屏焦点图、触屏 tab（标签页）切换、触屏多图切换等效果。Swiper 库也是基于 jQuery 实现的。官方网站界面如图 12.11 所示。

图 12.11　Swiper 官方网站

下载 swiper4.x 版本，将 swiper-4.3.5.css 和 swiper-4.3.5.js 文件引入页面，代码如下所示。

```
1  <link rel="stylesheet" href="./swiper-4.3.5.css">
2  <script src="./swiper-4.3.5.js"></script>
```

1．Swiper 轮播图

（1）要实现轮播效果，首先需要添加特定的 HTML 结构，并且确保最外层容器尺寸小于内层容器的尺寸，代码如下所示。

```
1  <style>
2  *{ margin:0;padding:0;}
3  #banner{ width:100%; height:200px; border:1px black solid;}
4  #banner .swiper-slide{ text-align: center; line-height: 200px; background:red;}
5  </style>
6  <body>
7      <div id="banner" class="swiper-container">
8          <div class="swiper-wrapper">
9              <div class="swiper-slide" style="background:red">Slide 1</div>
10             <div class="swiper-slide" style="background:hotpink">Slide 2</div>
11             <div class="swiper-slide" style="background:blue">Slide 3</div>
12         </div>
13     </div>
14  </body>
```

运行以上代码，结果如图 12.12 所示。

图 12.12　Swiper 的基本结构

（2）添加轮播交互，需要先创建一个 Swiper 对象，然后设置配置参数。例如，loop 表示是否循环播放，direction 表示切换的方向是水平还是垂直，autoplay 表示是否自动播放，speed 表示切换的速度，代码如下所示。

```
1  <script>
2      var mySwiper = new Swiper('#banner', {
3          loop : true,
4          direction: 'vertical',
5          autoplay : {
6              delay : 2000
7          },
8          speed : 3000
9      });
10 </script>
```

运行以上代码，结果如图 12.13 所示。

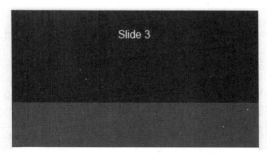

图 12.13　Swiper 的交互配置

（3）给轮播图添加分页器样式及交互行为，代码如下所示。

```
1  <body>
2      <div id="banner" class="swiper-container">
3          <div class="swiper-wrapper">
4              <div class="swiper-slide" style="background:red">Slide 1</div>
5              <div class="swiper-slide" style="background:hotpink">Slide 2</div>
6              <div class="swiper-slide" style="background:blue">Slide 3</div>
7          </div>
8          <!-- 如果需要分页器 -->
```

```
9         <div class="swiper-pagination"></div>
10    </div>
11    <script>
12    var mySwiper = new Swiper('#banner', {
13        loop : true,
14        direction: 'vertical',
15        autoplay : {
16            delay : 2000
17        },
18        speed : 3000,
19        pagination: {
20            el: '.swiper-pagination'
21        }
22    });
23    </script>
24 </body>
```

运行以上代码，结果如图 12.14 所示。

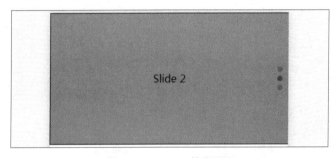

图 12.14　Swiper 的分页器

2. Swiper 滑动菜单

（1）首先添加基本布局结构，与轮播图结构类似。这里要注意 swiper-slide 的宽度，Swiper 默认让每一列自适应父容器，这里修改宽度值，让宽度适应列内容，代码如下所示。

```
1  <style>
2  *{ margin:0;padding:0;}
3  #list{ width:400px; height:30px; border:1px black solid;}
4  #list .swiper-slide{ width:50px; text-align: center; line-height: 30px; }
5  </style>
6  <body>
7  <div id="list" class="swiper-container">
8      <div class="swiper-wrapper">
9          <div class="swiper-slide">首页 1</div>
10         <div class="swiper-slide">新闻 1</div>
11         <div class="swiper-slide">视频 1</div>
12         <div class="swiper-slide">首页 2</div>
13         <div class="swiper-slide">新闻 2</div>
14         <div class="swiper-slide">视频 2</div>
15         <div class="swiper-slide">首页 3</div>
16         <div class="swiper-slide">新闻 3</div>
17         <div class="swiper-slide">视频 3</div>
```

```
18              <div class="swiper-slide">首页 4</div>
19              <div class="swiper-slide">新闻 4</div>
20              <div class="swiper-slide">视频 4</div>
21      </div>
22  </div>
23      </body>
```

（2）添加配置参数。例如，freeMode 表示随意滑动距离，slidesPerView 表示根据每一项自身的宽度来适应容器，freeModeSticky 表示是否滑动到完整的列表项，代码如下所示。

```
1  <script>
2      var mySwiper = new Swiper('#list',{
3          freeMode : true,
4          slidesPerView: 'auto',
5          freeModeSticky: true
6      });
7  </script>
```

运行以上代码，结果如图 12.15 所示。

图 12.15　菜单的布局结构

12.2.3　Bootstrap

Bootstrap 是广受欢迎的 HTML、CSS 和 JS 框架，用于开发响应式布局、移动设备优先的 Web 项目。响应式布局的意思就是通过一套前端代码，既可以适应 PC 端的布局又可以适应移动端的布局。

这里讲解 Bootstrap 3 这个稳定型的版本，官方网站界面如图 12.16 所示。

图 12.16　Bootstrap 官方网站

下载相应的文件，其中 bootstrap.min.css 为样式文件，bootstrap.min.js 为逻辑文件，Bootstrap 是基于 jQuery 的，所以使用的时候需要引入 jQuery 库，代码如下所示。

```
1  <link rel="stylesheet" href="./bootstrap.min.css">
2  <script src="./jquery-3.2.2.js"></script>
3  <script src="./bootstrap.min.js"></script>
```

1. 栅格系统

Bootstrap 中比较重要的一个功能点就是栅格系统。栅格系统把页面分成 12 列，通过列的组合实现布局效果，并且还可以根据不同的页面分辨率显示不同的栅格类型，如图 12.17 所示。

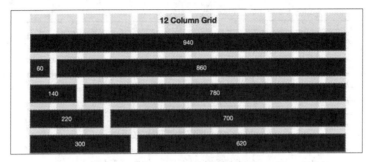

图 12.17　Bootstrap 的栅格系统

首先来看基本的栅格系统是如何使用的，代码如下所示。

```
1  <style>
2  .container , .container-fluid{ border:1px red solid;}
3  [class^=col-]{border:1px black solid;}
4  </style>
5  <body>
6  <div class="container">
7       <div class="row">
8          <div class="col-sm-4">第一列</div>
9          <div class="col-sm-4">第二列</div>
10         <div class="col-sm-4">第三列</div>
11      </div>
12      <div class="row">
13         <div class="col-sm-3">第一列</div>
14         <div class="col-sm-3">第二列</div>
15         <div class="col-sm-3">第三列</div>
16         <div class="col-sm-3">第四列</div>
17      </div>
18    </div>
19  </body>
```

运行以上代码，结果如图 12.18 所示。

第一列		第二列		第三列	
第一列	第二列		第三列		第四列

图 12.18　栅格系统的基本使用

在栅格系统中，row 表示行，col 表示列，col-4 则表示栅格的 4/12。要想占满一行，将栅格数值累加到 12 即可。如果栅格数值累加超过 12，则会自动折到下一行显示，代码如下所示。

```
1   <body>
2   <!-- 省略代码 -->
3       <div class="row">
4           <div class="col-sm-3">第一列</div>
5           <div class="col-sm-3">第二列</div>
6           <div class="col-sm-3">第三列</div>
7           <div class="col-sm-5">第四列</div>
8       </div>
9   </body>
```

运行以上代码，结果如图 12.19 所示。

图 12.19　栅格数值超出 12 列

Bootstrap 规定了四个响应阈值，在不同的阈值下，会有不同的表现形态，如表 12.3 所示。

表 12.3　　　　　　　　　　　　　　　　响应阈值

阈值范围	栅格标识
超小屏幕（手机）(<768px)	.col-xs-
小屏幕（平板）(≥768px)	.col-sm-
中等屏幕（桌面显示器）(≥992px)	.col-md-
大屏幕（大桌面显示器）(≥1200px)	.col-lg-

接下来对.col-lg-做简单演示，代码如下所示。

```
1   <body>
2       <div class="container">
3           <div class="row">
4               <div class="col-lg-3 col-md-4 col-sm-6">第一列</div>
5               <div class="col-lg-3 col-md-4 col-sm-6">第二列</div>
6               <div class="col-lg-3 col-md-4 col-sm-6">第三列</div>
7               <div class="col-lg-3 col-md-4 col-sm-6">第四列</div>
8               <div class="col-lg-3 col-md-4 col-sm-6">第五列</div>
9               <div class="col-lg-3 col-md-4 col-sm-6">第六列</div>
10          </div>
11      </div>
12  </body>
```

运行以上代码可以看到，分辨率大于 1200 像素时，一行会显示 4 列，分辨率大于 992 像素小于 1200 像素时，一行会显示 3 列，分辨率大于 768 像素小于 992 像素时，一行会显示 2 列，而分辨率小于 768 像素时，一行只会显示 1 列。

栅格系统充分利用不同设备分辨率的不同，提供不同的排列形式，能够满足不同用户的视觉需求。

2. 响应式导航

一般网站的导航在 PC 端和移动端的展示有着天壤之别，利用一套代码来实现一个通用的导航菜单是非常麻烦的，还好 Bootstrap 帮开发者实现了响应式导航，代码如下所示。

```
1  <body>
2      <div class="navbar navbar-inverse navbar-static-top navbar-fixed-top">
3          <div class="navbar-header">
4              <div class="navbar-brand">Bootstrap</div>
5              <div class="navbar-toggle" data-toggle="collapse" data-target="#showNav">
6                  <span class="icon-bar"></span>
7                  <span class="icon-bar"></span>
8                  <span class="icon-bar"></span>
9              </div>
10         </div>
11         <div id="showNav" class="collapse navbar-collapse">
12             <ul class="nav navbar-nav navbar-left">
13                 <li class="active"><a href="#">起步</a></li>
14                 <li><a href="#">CSS 全局样式</a></li>
15                 <li><a href="#">组件</a></li>
16                 <li><a href="#">JavaScript 插件</a></li>
17             </ul>
18             <ul class="nav navbar-nav navbar-right">
19                 <li><a href="#">登录</a></li>
20                 <li><a href="#">注册</a></li>
21             </ul>
22         </div>
23     </div>
24 </body>
```

先来看在 PC 端的展示效果，如图 12.20 所示。

图 12.20　PC 端导航菜单

再来看在移动端的展示效果，当点单击右侧图标时，显示隐藏菜单项，如图 12.21 所示。

图 12.21　移动端导航菜单

3. 其他功能

（1）各种 CSS 样式，如表格、表单、按钮、图片等。下面简单演示其中之一，代码如下所示。

```
1  <body>
2      <form class="form-inline">
3          <div class="form-group">
4              <label class="sr-only" for="exampleInputAmount">Amount (in dollars)</label>
5              <div class="input-group">
6                  <div class="input-group-addon">$</div>
7                  <input type="text" class="form-control" id="exampleInputAmount"
8  placeholder="Amount">
9                  <div class="input-group-addon">.00</div>
10             </div>
11         </div>
12         <button type="submit" class="btn btn-primary">Transfer cash</button>
13     </form>
14 </body>
```

运行以上代码，结果如图 12.22 所示。

图 12.22　Bootstrap 表单效果

（2）各种组件，如分页、标签、徽章、巨幕等。下面简单演示其中之一，代码如下所示。

```
1  <body>
2      <button class="btn btn-primary" type="button">
3          Messages <span class="badge">4</span>
4      </button>
5  </body>
```

运行以上代码，结果如图 12.23 所示。

图 12.23　Bootstrap 徽章效果

（3）各种 JavaScript 插件，如模态框、标签页、弹出框、提示信息等。下面简单演示其中之一，代码如下所示。

```
1  <body>
2      <button id="btn2" class="btn" data-toggle="popover" data-trigger="focus"
3  title="Dismissible popover" data-content="And here's some amazing content. It's very
   engaging. Right?" data-placement="right">工具提示层</button>
4      <script>
5      $('#btn2').popover();
6      </script>
7  </body>
```

运行以上代码，结果如图 12.24 所示。

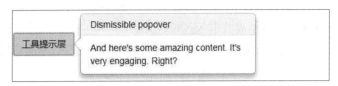

图 12.24　Bootstrap 提示信息效果

12.3　本章小结

通过本章的学习，我们掌握了在移动环境下的 jQuery 开发模式，包括 jQuery 官方自带的 jQuery mobile 框架，以及第三方基于 jQuery 的移动框架，如 Zepto、Swiper、Bootstrap 等。通过框架的使用，我们可以快速进行项目实现，大大降低了开发的难度。

12.4　习题

1.　填空题

（1）_____是一个基于 HTML5 的用户界面系统，旨在打造所有智能手机、平板电脑和桌面设备都可以访问的响应式网站和应用程序。

（2）jQuery mobile 是通过自定义属性_____方式来实现基础布局和交互行为的。

（3）通过_____的方式可以添加按钮到页面中，默认按钮类型为块，可以通过_____改成内联方式。

（4）通过设置_____属性值为 slide，可以实现水平方向的滑屏切换，不过都是朝一个方向运动，即从右向左运动。

（5）_____是用于移动开发的 JavaScript 库，适用于现代浏览器，具有很大程度上与 jQuery 兼容的 API。

2.　选择题

（1）下列属性说明中错误的是（　　　）。

A.　page：页面

B.　header：头部

C.　content：主体

D.　footer：列表

（2）适用于现代浏览器，用于移动开发的 JavaScript 库是（　　　）。

A.　Zepto

B.　jQuery

C.　Swiper

D.　Bootstrap

（3）下列关于 Bootstrap 的说法不正确的是（　　　）。

A. Bootstrap 是广受欢迎的 HTML、CSS 和 JS 框架

B. 它用于开发响应式布局、移动设备优先的 Web 项目

C. Bootstrap 使用的时候不需要引入 jQuery 库

D. 响应式布局的意思就是通过一套前端代码，既可以适应 PC 端的布局又可以适应移动端的布局

（4）常用于移动端网站的内容触摸滑动，可实现触屏焦点图、触屏 tab（标签页）切换、触屏多图切换等效果的是（   ）。

A. Zepto

B. jQuery

C. Swiper

D. Bootstrap

（5）下列选项中，说法错误的是（   ）。

A. Bootstrap 是用于移动开发的 JavaScript 库，适用于现代浏览器

B. Swiper 常用于移动端网站的内容触摸滑动，可实现触屏焦点图、触屏 tab（标签页）切换、触屏多图切换等效果

C. jQuery mobile 是一个基于 HTML5 的用户界面系统，旨在打造所有智能手机、平板电脑和桌面设备都可以访问的响应式网站和应用程序

D. jQuery mobile 是通过一个页面来完成展示区域跳转切换的，这种方式在移动端开发中非常流行，一般叫作单页面应用开发

3. 思考题

基于本章内容，阐述 jQuery mobile 到底是什么？

4. 编程题

编写代码，要求单击界面中的文本不放（长按）事件在长按大约 1 秒后触发，字体隐藏，如图 12.25 所示。

图 12.25   文本界面

第 13 章　jQuery 源码分析

本章学习目标

- 了解 jQuery 如何实现面向对象编程
- 了解常见 jQuery 方法的实现原理
- 掌握对象的创建及面向对象编程方法

通过前面章节的学习，我们已经对 jQuery 库的使用有了深入的理解，那么，这么多好用的方法是如何实现的，你是否感到好奇呢？理解内部实现方式，对精通 jQuery 库有很大帮助。

13.1　面向对象

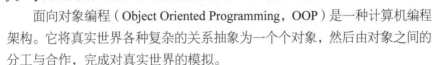

面向对象

jQuery 库是基于面向对象思想设计出来的，所以要想了解 jQuery 库的内部实现原理，首先需要对面向对象有所了解。

面向对象编程（Object Oriented Programming，OOP）是一种计算机编程架构。它将真实世界各种复杂的关系抽象为一个个对象，然后由对象之间的分工与合作，完成对真实世界的模拟。

抽象是从众多的事物中抽取出共同的、本质性的特征，而舍弃其非本质的特征。面向对象编程有利于保证代码的可重用性、灵活性、可扩展性。

13.1.1　属性与方法

面向对象编程中，主要工作是为对象添加属性和方法。属性是用来描述一种状态的，而方法是用来描述一种行为的。举个简单的例子，手机的属性包括品牌、颜色等，是一种静态的状态，而手机的方法包括玩游戏、听音乐等，是一种动态的行为。

在 JavaScript 中，我们通过给对象添加变量的方式来实现属性的设置，通过给对象添加函数的方式来实现方法的设置。

```
1  <script>
2      var obj = {
3          name : "Mary",                    // 属性
```

```
4              showName : function(){      // 方法
5                  return this.name;
6              }
7          };
8          console.log( obj.showName() );   // 'Mary'
9  </script>
```

可以通过创建出的 **obj** 对象来调用其属性和方法。一般情况下，对象的属性在调用时不加小括号，因为是变量；而对象的方法在调用时加小括号，因为是函数。

上面示例中只是一种简单的形式，项目中真正的对象需要通过类或者构造函数进行创建。**ECMAScript 6** 之前的语法中是没有类的概念的，但可以利用构造函数来代替类进行对象的创建。

构造函数与普通函数的区别是需要通过 new 关键字来调用。构造函数中的 this 会指向创建出来的对象，且具备隐式返回操作，代码如下所示。

```
1  <script>
2      function Person(name){
3          this.name = name;               // 属性
4          this.showName = function(){      // 方法
5              return this.name;
6          };
7      }
8      var obj = new Person('Mary');
9      console.log( obj.showName() );       // 'Mary'
10  </script>
```

需要注意，在定义构造函数时，首字母一般需要大写，因为真正使用类时是需要大写的，所以构造函数也默认按照这种方式定义。以这种方式添加出来的属性和方法，在创建多个对象的时候，会在内存中生成多份，所以可能会造成一些性能损耗。

如何改进面向对象的属性和方法操作方式呢？可以利用原型来实现。

13.1.2 原型与原型链

在面向对象编程中可通过构造函数的 prototype 属性来得到原型对象，在 prototype 对象中添加的方法在内存中只存在一份，对象通过原型链就可以查找到这个方法，代码如下所示。

```
1  <script>
2      function Person(name){
3          this.name = name;
4      }
5      Person.prototype.showName = function(){
6          return this.name;
7      };
8      var obj = new Person('Mary');
9      console.log( obj.showName() );   // 'Mary'
10  </script>
```

连接对象与原型对象之间的纽带就是原型链。查找过程也遵循就近原则，如果在其范围内找不到相关方法，就会通过原型链层层向外查找。原型链的最外层为 **Object.prototype**，**Object** 属于

JavaScript 中提供的一个内置的构造函数，所有对象的原型链最外层都是 Object.prototype。

在 JavaScript 中，可以利用__proto__私有属性来找到对应的原型对象，代码如下所示。

```
1  <script>
2      function Person(name){
3          this.name = name;
4      }
5      Person.prototype.showName = function(){
6          return this.name;
7      };
8      var obj = new Person('Mary');
9      console.log(obj.__proto__ == Person.prototype);              // true
10     console.log(Person.prototype.__proto__ == Object.prototype);  // true
11  </script>
```

面向对象的基本语法结构如图 13.1 所示。

```
function 构造函数(){
    this.属性;
}
构造函数.原型.方法;
var 对象 = new 构造函数();
对象.属性;
对象.方法();
```

图 13.1　面向对象基本语法结构

13.2　打造 miniQuery 库

打造 miniQuery 库

我们通过模拟一个小型的 miniQuery 库，来理解 jQuery 内部实现的原理，提高对面向对象的实际应用水平。

13.2.1　框架搭建

在 jQuery 中，常见方法都是通过$().方法()来调用的，如 css()、html()等方法，代码如下所示。

```
1  <script>
2      $('#box').css('background','red');
3      $('#box').html('Hello World');
4  </script>
```

这种方式跟调用对象的方法很像，如果$()执行完返回对象，就可以调用对象下的 css()方法或是 html()方法了。

```
1  <script>
2      function $(selector){
3          return 对象;
4      }
5  </script>
```

所以 return 的返回值只要是对象即可。在前面我们了解到，创建对象是通过构造函数实现的，那么我们可以添加一个 MiniQuery 的构造函数，用于创建对象，代码如下所示。

```
1  <script>
2      function $(selector){
3          return new MiniQuery(selector);
4      }
5      function MiniQuery(selector){
6      }
7      MiniQuery.prototype.css = function(){
8      };
9      MiniQuery.prototype.html = function(){
10     };
11 </script>
```

$()除了需要返回对象外，还需要获取被选择的 DOM 元素，并把元素收集到一个数组容器内，即 this.elements = []，方便对象方法去使用，同时还要考虑到 DOM 元素的类型，如对象、ID、CLASS、TAG 等，不同类型获取 DOM 元素的方式也是不同的，代码如下所示。

```
1  <script>
2      function toArray(elems){
3          var result = [];
4          for(var i=0;i<elems.length;i++){
5              result[i] = elems[i];
6          }
7          return result;
8      }
9      function MiniQuery(selector){
10         this.elements = [];     // 收集获取的元素
11         switch(typeof selector){
12             case 'function':
13                 window.addEventListener('DOMContentLoaded',selector);
14             break;
15             case 'string':
16                 switch( selector.charAt(0) ){
17                     case '#':
18                     this.elements.push(document.getElementById(selector.substring(1)));
19                         break;
20                     case '.':
21                         this.elements =
22 toArray(document.getElementsByClassName(selector.substring(1)));
23                         break;
24                     default:
25                         this.elements =
26 toArray(document.getElementsByTagName(selector));
27                         break;
28                 }
29             break;
30             case 'object':
31                 if( Object.prototype.toString.call(selector) == "[object Array]" ){
32                     this.elements = selector;
33                 }
34                 else{
```

```
35                    this.elements.push(selector);
36                }
37            break;
38        }
39    }
40 </script>
```

那么如何添加工具方法呢？这个比较简单，其实工具方法就是面向对象中的静态方法，只需要挂载到$函数下即可，代码如下所示。

```
1 <script>
2    $.trim = function(){
3    };
4    $.proxy = function(){
5    };
6 </script>
```

为了方便对象方法和工具方法的扩展，封装$.extend()和$.fn.extend()这两个方法。下面是完整的框架搭建的初始代码。

```
1  <body>
2  <div id="box"></div>
3  <script>
4      function $(selector){
5          return new MiniQuery(selector);
6      }
7      $.extend = function(obj){
8          for(var attr in obj){
9              $[attr] = obj[attr];
10         }
11     };
12     $.fn = {};
13     $.fn.extend = function(obj){
14         for(var attr in obj){
15             MiniQuery.prototype[attr] = obj[attr];
16         }
17     };
18     function toArray(elems){
19         var result = [];
20         for(var i=0;i<elems.length;i++){
21             result[i] = elems[i];
22         }
23         return result;
24     }
25     function getStyle(elem,attr){
26         return window.getComputedStyle(elem)[attr];
27     }
28     function MiniQuery(selector){
29         this.elements = [];    // 收集获取的元素
30         switch(typeof selector){
31             case 'function':
32                 window.addEventListener('DOMContentLoaded',selector);
33             break;
```

```
34              case 'string':
35                  switch( selector.charAt(0) ){
36                      case '#':
37
38      this.elements.push(document.getElementById(selector.substring(1)));
39                      break;
40                      case '.':
41                          this.elements =
42  toArray(document.getElementsByClassName(selector.substring(1)));
43                      break;
44                      default:
45                          this.elements =
46  toArray(document.getElementsByTagName(selector));
47                      break;
48                  }
49              break;
50              case 'object':
51                  if( Object.prototype.toString.call(selector) == "[object Array]" ){
52                      this.elements = selector;
53                  }
54                  else{
55                      this.elements.push(selector);
56                  }
57              break;
58          }
59      }
60      $.extend({
61          trim : function(text){
62              var rtrim = /^[\s\uFEFF\xA0]+|[\s\uFEFF\xA0]+$/g;
63              return text == null ?
64                  "" :
65                  ( text + "" ).replace( rtrim, "" );
66          },
67          proxy : function(fn, context){
68              var args = [].slice.call( arguments, 2 );
69              return function() {
70                  return fn.apply( context || this, args.concat( [].slice.call( arguments ) ) );
71              }
72          }
73      });
74      $.fn.extend({
75          css : function(attr,val){
76              if(val){
77                  if(Object.prototype.toString.call(attr) === '[object Object]'){
78                      for(var i in attr){
79                          for(var j=0;j<this.elements.length;j++){
80                              this.elements[j].style[i] = attr[i];
81                          }
82                      }
83                  }
84                  else{
85                      for(var i=0;i<this.elements.length;i++){
86
87                          this.elements[i].style[attr] = val;
88                      }
89                  }
```

```
90                    return this;
91                 }
92                 else{
93                    return getStyle(this.elements[0],attr);
94                 }
95              },
96          html : function(content){
97              if(content){
98                 for(var i=0;i<this.elements.length;i++){
99                    this.elements[i].innerHTML = content;
100                 }
101                 return this;
102              }
103              else{
104                 return this.elements[0].innerHTML;
105              }
106          }
107       });
108  </script>
109  </body>
```

运行以上代码，结果如图 13.2 所示。

图 13.2　miniQuery 框架搭建

13.2.2　常见方法

在 13.2.1 节中，我们已经实现了 trim()、proxy()、css()、html()等方法，接下来再实现一些常见的 jQuery 方法。

（1）给 miniQuery 添加事件方法，代码如下所示。

```
1  <style>
2  #box{ width:100px; height: 100px; background: red;}
3  </style>
4  <body>
5      <div id="box"></div>
6      <script>
7      $.fn.extend({
8          //省略代码
9          click : function(cbFn){
10             this.on('click',cbFn);
11             return this;
12          },
13       mouseover : function(cbFn){
14             this.on('mouseover',cbFn);
15             return this;
16          },
17       hover : function(overFn,outFn){
18             this.on('mouseover',overFn).on('mouseout',outFn);
19             return this;
```

```
20          },
21          on : function(event,cbFn){
22              for(var i=0;i<this.elements.length;i++){
23                  this.elements[i].addEventListener(event,cbFn);
24              }
25              return this;
26          }
27      });
28      </script>
29      <script>
30      $('#box').hover(function(){
31          $(this).css('background','blue');
32      },function(){
33          $(this).css('background','red');
34      });
35      </script>
36  </body>
```

运行以上代码，可以看到当鼠标指针移入或移出红色背景块时，背景框的颜色发生了变化，如图 13.3 所示。

图 13.3　实现事件相关方法

（2）给 miniQuery 添加显示和隐藏方法，代码如下所示。

```
1   <style>
2   #box{ width:100px; height: 100px; background: red;}
3   </style>
4   <body>
5       <button id="btn">切换显示</button>
6       <div id="box"></div>
7       <script>
8       $.fn.extend({
9           //省略代码
10          hide : function(){
11              for(var i=0;i<this.elements.length;i++){
12                  this.elements[i].selfDisplay = getStyle(this.elements[i],'display');
13                  this.elements[i].style.display = 'none';
14              }
15          }
16      });
17      </script>
18      <script>
19      var flag = true;
20      $('#btn').click(function(){
21          if(flag){
22              $('#box').hide();
23          }
```

```
24          else{
25              $('#box').show();
26          }
27          flag = !flag;
28      });
29      </script>
30  </body>
```

运行以上代码，单击按钮可以将红色背景块隐藏起来，再次单击时红色背景块又会重新显示出来，如图 13.4 所示。

图 13.4 实现显示和隐藏相关方法

（3）给 miniQuery 添加 DOM 操作方法，代码如下所示。

```
1   <body>
2       <ul>
3           <li></li>
4           <li></li>
5           <li></li>
6           <li></li>
7       </ul>
8       <p>段落</p>
9       <h2>标题</h2>
10      <em>装饰</em>
11      <script>
12      $.fn.extend({
13          //省略代码
14          eq : function(index){
15              return $(this.elements[index]);
16          },
17          first : function(){
18              return this.eq(0);
19          },
20          last : function(){
21              return this.eq(this.elements.length-1);
22          },
23          siblings : function(){
24              var result = [];
25              for(var i=0;i<this.elements.length;i++){
26                  var brothers = this.elements[i].parentNode.children;
27                  for(var j=0;j<brothers.length;j++){
28                      if( brothers[j] != this.elements[i] ){
29                          result.push( brothers[j] );
30                      }
31                  }
```

```
32                }
33                return $(result);
34            },
35            get : function(index){
36                if(index){
37                    return this.elements[index];
38                }
39                else{
40                    return this.elements;
41                }
42            }
43        });
44    </script>
45    <script>
46    $('li').first().css('background','red');
47    $('li').last().css('background','blue');
48    $('ul').siblings().css('background','yellow');
49    </script>
50 </body>
```

运行以上代码，结果如图 13.5 所示。

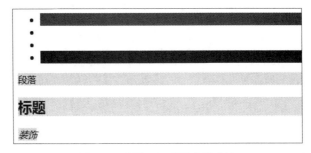

图 13.5　实现 DOM 操作相关方法

（4）给 miniQuery 添加 find()、wrap()等方法，代码如下所示。

```
1  <body>
2      <em>一段文本</em>
3      <script>
4      $.fn.extend({
5          //省略代码
6          index : function(){
7              var brothers = this.elements[0].parentNode.children;
8              for(var i=0;i<brothers.length;i++){
9                  if( brothers[i] == this.elements[0] ){
10                     return i;
11                 }
12             }
13         },
14         find : function(selector){
15             var result = [];
16             switch(selector.charAt(0)){
17                 case '.':
```

```
18                    for(var i=0;i<this.elements.length;i++){
19                        result =
20   result.concat(toArray(this.elements[i].getElementsByClassName(selector.substring(1))));
21                    }
22                    break;
23                    default:
24
25                    for(var i=0;i<this.elements.length;i++){
26                        result =
27   result.concat(toArray(this.elements[i].getElementsByTagName(selector)));
28                    }
29                    break;
30                }
31                return $(result);
32            },
33        wrap : function(parentTag){
34            for(var i=0;i<this.elements.length;i++){
35                var parent =
36   document.createElement(parentTag.substring(1,parentTag.length-1));
37                this.elements[i].parentNode.insertBefore(parent , this.elements[i]);
38                parent.appendChild(this.elements[i]);
39            }
40        }
41    });
42    </script>
43    <script>
44    $('body').find('em').wrap('<h2>');
45    </script>
46 </body>
```

运行以上代码，结果如图 13.6 所示。

一段文本

图 13.6　find()等方法实现

可以看到，在 jQuery 中实现链式调用，是通过方法返回 this 来实现的，因为 this 在面向对象编程中表示创建出来的对象，对象返回后，即可继续调用方法，从而实现链式操作。至此大家已经学会了实现常见的 jQuery 方法，可以利用面向对象编程轻松搭建一个 miniQuery 了。当然，jQuery 库本身要考虑到很多，如性能、兼容处理等，所以代码复杂度还是很高的。希望读者能够举一反三，自己去实现一些 jQuery 提供的相关方法，这对大家认识、理解 jQuery 和面向对象编程有很大的帮助。

13.3　本章小结

通过本章的学习，大家能够了解面向对象编程以及面向对象编程的优势，能够利用 jQuery 面向对象开发特性实现一个小型 miniQuery 框架，并能够实现初始代码框架搭建以及常见 jQuery 方法的运用。

13.4 习题

思考题

在 jQuery 中为什么能够实现链式调用?

第 14 章　jQuery 项目实战

本章学习目标
- 通过项目实战对 jQuery 做全面的总结
- 利用 jQuery 实现会议管理系统
- 利用 jQuery 实现推箱子小游戏

实践是检验真理的唯一标准。通过前面章节的学习，我们对 jQuery 语法有了深入的理解，我们的最终目标是将 jQuery 灵活地运用到项目中。

本章通过两种类型的案例，分别阐述 jQuery 的实际作用，帮助读者熟悉开发流程和项目把控。

会议管理系统

14.1　会议管理系统

会议管理系统一般交互操作非常多，需要大量 JavaScript 脚本去支持。本节我们利用 jQuery 实现一个小型的会议管理系统，主要功能包括选择会议地点、选择会议时间、选择会议领导、选择会议部门等，可对选择内容进行添加、修改、删除等操作，如图 14.1 所示。

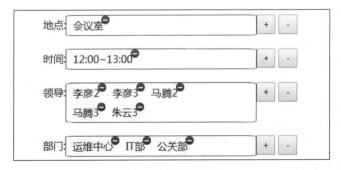

图 14.1　会议管理系统

14.1.1　项目结构布局

首先把系统结构分为四大部分，即地点、时间、领导、部门，代码如下所示。

```
1   <body>
2   <div id="meeting">
3       <div id="custom_1000" class="set">
4           <label>地点:</label>
5           <div id="main_1000" class="writeText"></div>
6           <input id="add_1000" class="btn" type="button" value="+">
7           <input id="remove_1000" class="btn" type="button" value="-">
8           <div id="popup_1000" class="popupMenu"></div>
9           <br clear="all"/>
10      </div>
11      <div id="custom_2000" class="set">
12          <label>时间:</label>
13          <div id="main_2000" class="writeText"></div>
14          <input id="add_2000" class="btn" type="button" value="+">
15          <input id="remove_2000" class="btn" type="button" value="-">
16          <div id="popup_2000" class="popupMenu"></div>
17          <br clear="all"/>
18      </div>
19      <div id="custom_3000" class="set">
20          <label>领导:</label>
21          <div id="main_3000" class="writeText"></div>
22          <input id="add_3000" class="btn" type="button" value="+">
23          <input id="remove_3000" class="btn" type="button" value="-">
24          <div id="popup_3000" class="popupMenu"></div>
25          <br clear="all"/>
26      </div>
27      <div id="custom_4000" class="set">
28          <label>部门:</label>
29          <div id="main_4000" class="writeText"></div>
30          <input id="add_4000" class="btn" type="button" value="+">
31          <input id="remove_4000" class="btn" type="button" value="-">
32          <div id="popup_4000" class="popupMenu"></div>
33          <br clear="all"/>
34      </div>
35  </div>
36  </body>
```

再来考虑样式。单击添加按钮时，可显示下拉菜单，注意限制下拉菜单的最大高度，可利用 max-height 样式。由于存在多选操作被选择的数据，可能会出现多行显示，所以用 div 去模拟 input 会更加方便。代码如下所示。

```
1   <style>
2   *{ margin:0; padding:0;}
3   li{ list-style:none;}
4   .writeText{ width:300px; min-height:30px; border:1px solid #333; border-radius:5%;
     float:left;
5   cursor:no-drop;}
6   .writeText span{ float:left; position:relative; line-height:30px; padding:0 10px;
     cursor:default;}
7   .writeText em{ width:13px; height:13px; background:url(delete.png) no-repeat;
8   position:absolute; right:0; top:0; cursor:pointer;}
9   label{ float:left; line-height:30px;}
```

```
10  .btn{ width:30px; height:30px; cursor:pointer;}
11  .set{ margin-bottom:20px; position:relative;}
12  .popupMenu{ width:200px; max-height:400px; border:1px #000 solid; position:absolute;
13  left:370px; top:0; background:white; z-index:100; overflow-x:auto; overflow-x:hidden;
14  display:none;}
15  .popupMenu ul{ width:200px;}
16  .popupMenu ul li{ padding:5px; cursor:pointer;}
17  .popupMenu ul span.cur{ background:#06F; color:white;}
18  .popupMenu ul span:hover{ background:#06F; color:white;}
19  #meeting{ width:500px; margin:0 auto; padding:300px 0;}
20  </style>
```

运行以上代码，即可得到图 14.2 所示的结构与样式。

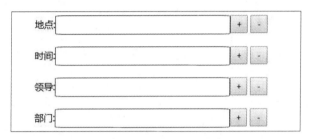

图 14.2　会议系统结构与样式

需要注意，菜单内结构和输入框内结构需要动态创建，不过样式已经添加完成。

14.1.2　项目数据初始化

本案例数据为模拟的 JSON 数据（重点关注 jQuery 交互操作），同样将 JSON 数据分为四大部分，分别传入主入口函数的第三个参数，代码如下所示。

```
1  <script>
2      popup('1000',1,[
3          {name : '办公室'},
4          {name : '会议室'},
5          {name : '室外'},
6          {name : '咖啡厅'}
7      ]);
8      popup('2000',1,[
9          {name : '8:00~10:00'},
10          {name : '12:00~13:00'},
11          {name : '14:00~16:00'},
12          {name : '20:00~23:00'},
13          {name : '23:00~00:00'}
14      ]);
15      popup('3000',2,[
16          {name : '李彦 1'},
17          {name : '朱云 1'},
18          {name : '马腾 1'},
19          {name : '李彦 2'},
20          {name : '朱云 2'},
```

```
21              {name : '马腾 2'},
22              {name : '李彦 3'},
23              {name : '朱云 3'},
24              {name : '马腾 3'},
25              {name : '李彦 4'},
26              {name : '朱云 4'},
27              {name : '马腾 4'},
28              {name : '李彦 5'},
29              {name : '朱云 5'},
30              {name : '马腾 5'},
31              {name : '李彦 6'},
32              {name : '朱云 6'},
33              {name : '马腾 6'},
34              {name : '李彦 7'},
35              {name : '朱云 7'},
36              {name : '马腾 7'}
37          ]);
38      popup('4000',2,[
39              {name : '采购部'},
40              {name : '销售部'},
41              {name : '策划部'},
42              {name : '运维中心'},
43              {name : 'IT 部'},
44              {name : '人力资源'},
45              {name : '行政部门'},
46              {name : '公关部'},
47              {name : '法务部门'},
48              {name : '市场部'},
49              {name : '运营部'},
50              {name : '游戏部门'},
51              {name : '社区部门'},
52              {name : '电商部门'},
53              {name : '客服部'}
54          ]);
55  </script>
```

通过第二个参数来决定数据是单选操作还是复选操作，1 表示单选，2 表示复选。第一个参数对应 HTML 结构中的 ID 标识，可以确定最终将数据渲染到哪块 HTML 结构中。

对整体代码进行闭包模式的封装，实现变量和函数对外界的隔离，避免代码冲突；把$作为参数传递到闭包内，这样$会变成局部方法，调用时查找速度更快；封装主入口函数，即 popup()方法，接收三个参数，即 id ， type ， data，代码如下所示。

```
1  <script>
2  (function($){
3      function popup(id,type,data){
4      }
```

```
5  })($);
6  </script>
```

14.1.3　项目功能实现

会议系统功能方法如表 14.1 所示。

表 14.1　　　　　　　　　　　　　　　会议系统功能方法

方法	说明
bindAddBtn()	操作添加按钮
bindRemoveBtn()	操作删除按钮
closePopup()	关闭弹出菜单
setInitData()	添加数据到菜单
bindRemoveText()	删除输入内容
moveVisible()	菜单进入可视区
createRadio()	创建单选模块
createMore()	创建多选模块
bindRadio()	操作单选列表项
bindMore()	操作多选列表项
textRadio()	单选输入与删除
textMore()	多选输入与删除
setAllCur()	全选功能
textDrag()	内容拖曳排序

按照以下顺序进行方法功能的实现。

（1）给添加按钮加事件，并根据 type 类型，分别创建单选模块和多选模块，然后把数据渲染到菜单中并显示出来，代码如下所示。

```
1  <script>
2      function popup(id,type,data){
3          var $popup = $('#popup_'+id);
4          var $main = $('#main_'+id);
5          bindAddBtn();
6          /**
7              操作添加按钮
8          */
9          function bindAddBtn(){
10             $('#add_'+id).on('click',function(){
11                 closePopup();
12                 if(type == 1){
13                     createRadio();
14                 }
15                 else if(type == 2){
16                     createMore();
17                 }
18                 $popup.show();
19             });
```

```
20                }
21                /**
22                     添加数据到菜单
23                */
24                function setInitData(){
25                    var $ul = $('<ul>')
26                    $.each(data,function(){
27                        var $li = $('<li><span>'+ this.name +'</span></li>');
28                        $ul.append($li);
29                    });
30                    $popup.append($ul);
31                }
32                /**
33                     关闭弹出菜单
34                */
35                function closePopup(){
36                    $('.popupMenu').hide();
37                }
38                /**
39                     创建单选模块
40                */
41                function createRadio(){
42                    if( !$popup.find('ul').length ){
43                        setInitData();
44                    }
45                }
46                /**
47                     创建多选模块
48                */
49                function createMore(){
50                    if( !$popup.find('ul').length ){
51                        setInitData();
52                    }
53                }
54            }
55  </script>
```

运行以上代码即可得到图 14.3 所示效果。

图 14.3 弹出菜单与数据渲染

（2）单击屏幕任意位置关闭弹出菜单，但是单击会议结构部分不关闭菜单，利用事件的冒泡特性来实现，代码如下所示。

```
1   <script>
2       function popup(id,type,data){
3           var $popup = $('#popup_'+id);
4           var $main = $('#main_'+id);
5           bindAddBtn();
6           /**
7               单击任意位置关闭弹窗
8           */
9           $(document).off().on('click',function(){
10              closePopup();
11          });
12          $('#custom_'+id).off().on('click',function(){
13              return false;
14          });
15          // 省略代码
16      }
17  </script>
```

（3）给列表项添加事件操作，分别实现单选和多选模式，并把数据渲染到输入框中。需要在
createRadio()中调用 bindRadio()，在 createMore()中调用 bindMore()，代码如下所示。

```
1   <script>
2       function popup(id,type,data){
3           // 省略代码
4           /**
5               操作单选列表项
6           */
7           function bindRadio(){
8               var $span = $popup.find('li span');
9               $span.on('click',function(){
10                  if( $(this).attr('class') != 'cur' ){
11                      $span.attr('class','');
12                      $(this).attr('class','cur');
13                      textRadio.add( $(this).html() , $(this).parent().index() );
14                  }
15                  else{
16                      $(this).attr('class','');
17                      textRadio.remove();
18                  }
19              });
20          }
21          /**
22              操作多选列表项
23          */
24          function bindMore(){
25              var $span = $popup.find('li span');
26              $span.on('click',function(){
27                  if( $(this).attr('class') != 'cur' ){
28                      $(this).attr('class','cur');
```

```
29                              textMore.add( $(this).html() , $(this).parent().index() );
30                    }
31                    else{
32                         $(this).attr('class','');
33                         textMore.remove( $(this).parent().index() );
34                    }
35               });
36          }
37          /**
38               单选输入与删除
39          */
40          var textRadio = (function(){
41               function add(text,index){
42                    var $span = $('<span cusindex="'+ index +'">'+ text
43   +'<em></em></span>');
44                    $main.html( $span );
45               }
46               function remove(){
47                    $main.empty();
48               }
49               return {
50                    add : add,
51                    remove : remove
52               }
53          })();
54          /**
55               多选输入与删除
56          */
57          var textMore = (function(){
58               function add(text,index){
59                    var $span = $('<span cusindex="'+ index +'">'+ text
60   +'<em></em></span>');
61                    $main.append( $span );
62               }
63               function remove(index){
64                    $main.find('span').each(function(){
65                         if( $(this).attr('cusindex') == index ){
66                              $(this).remove();
67                         }
68                    });
69               }
70               return {
71                    add : add,
72                    remove : remove
73               }
74          })();
75     }
76  </script>
```

运行以上代码即可得到图 14.4 所示效果。

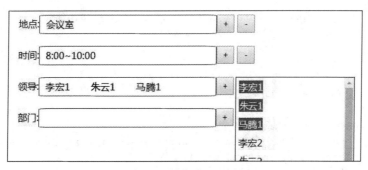

图 14.4 添加数据到输入框

（4）添加全选功能、删除指定项功能和滑动到可视区动画，分别利用 trigger()和 animate()方法实现。在 bindAddBtn()中调用 moveVisible()，在 createMore()中调用 setAllCur()，在 popup()中调用 bindRemoveText()和 bindRemoveBtn()，代码如下所示。

```
1   <script>
2       function popup(id,type,data){
3           bindRemoveText();
4           bindRemoveBtn();
5           //省略代码
6           /**
7               删除输入内容
8           */
9           function bindRemoveText(){
10              $main.delegate('em','click',function(){
11                  var $parent = $(this).parent();
12                  var This = this;
13                  $parent.remove();
14                  $popup.find('span').each(function(){
15                      if( $parent.attr('cusindex') == $(this).parent().index() ){
16                          $(this).attr('class','');
17                      }
18                  });
19              });
20          }
21          /**
22              操作删除按钮
23          */
24          function bindRemoveBtn(){
25              $('#remove_'+id).on('click',function(){
26                  $main.find('em').each(function(){
27                      $(this).trigger('click');
28                  });
29              });
30          }
31          /**
32              菜单进入可视区
33          */
34          function moveVisible(){
35              $popup.css('top','0');
36              var popupTop = $popup.offset().top + $popup.outerHeight();
37              if( popupTop > $(window).height() + $(document).scrollTop() ){
```

```
38                      $popup.animate({ top : - (popupTop - ($(window).height() +
39  $(document).scrollTop())) });
40                  }
41              }
42              /**
43                  全选功能
44              */
45              function setAllCur(){
46                  var $allCur = $('<div><a href="javascript:;">全选</a></div>');
47                  $popup.prepend( $allCur );
48                  $allCur.on('click',function(){
49                      $popup.find('span').each(function(){
50                          if( $(this).attr('class') != 'cur' ){
51                              $(this).trigger('click');
52                          }
53                      });
54                  });
55              }
56          }
57  </script>
```

运行以上代码即可得到图 14.5 所示效果。

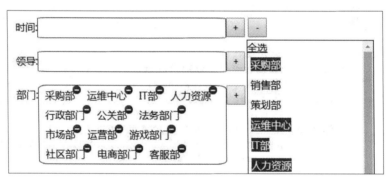

图 14.5　全选、删除、滑动到可视区操作

（5）检测最近碰撞的位置，对多选数据进行拖曳排序功能。在 popup() 中调用 textDrag()，并进行类型判断，因为只有多选操作才能进行拖曳排序，代码如下所示。

```
1   <script>
2       function popup(id,type,data){
3           if(type == 2){
4               textDrag();
5           }
6           // 省略代码
7           /**
8               内容拖曳排序
9           */
10          function textDrag(){
11              $main.delegate('span','mouseover',function(){
12                  if( !$(this).siblings().length ){
13                      $(this).css('cursor','default');
```

```
14                          }
15                      else{
16                          $(this).css('cursor','move');
17                      }
18                  });
19              $main.delegate('span','mousedown',function(ev){
20                  if( !$(this).siblings().length ){
21                      return false;
22                  }
23                  var This = this;
24                  $cloneSpan = $(this).clone();
25                  $(this).css('opacity',0.5);
26                  $cloneSpan.css({ position : 'absolute' , left : ev.pageX + 10 , top : ev.pageY
27  + 10 });
28                  $('body').append( $cloneSpan );
29                  var $cursorSpan = toCursor.add( $(this) );
30                  $(document).on('mousemove.drag',function(ev){
31                      $cloneSpan.css({ left : ev.pageX + 10 , top : ev.pageY + 10 });
32                      var $closestSpan = findClosest({x : ev.pageX , y : ev.pageY});
33                      var centerVal = $closestSpan.offset().left +
34  $closestSpan.outerWidth()/2;
35                          if(centerVal < ev.pageX){
36                              $cursorSpan.css({left : $closestSpan.offset().left +
37  $closestSpan.outerWidth() , top :$closestSpan.offset().top + 5});
38                          }
39                          else{
40                              $cursorSpan.css({left : $closestSpan.offset().left ,
41  top :$closestSpan.offset().top + 5});
42                          }
43                  });
44              $(document).on('mouseup.drag',function(ev){
45                      $(document).off('.drag');
46                      var $closestSpan = findClosest({x : ev.pageX , y : ev.pageY});
47                      $(This).css('opacity',1);
48                      $cloneSpan.remove();
49                      toCursor.remove();
50                      var centerVal = $closestSpan.offset().left +
51  $closestSpan.outerWidth()/2;
52                          if(centerVal < ev.pageX){
53                              $(This).insertAfter($closestSpan);
54                          }
55                          else{
56                              $(This).insertBefore($closestSpan);
57                          }
58                  });
59                  return false;
60              });
61          function findClosest(page){
62              var arrY = nearY(page.y);
63              return nearX( arrY , page.x );
64          }
65          function nearY(y){
```

```
66                        var $span = $main.find('span');
67                        var minVal = 9999;
68                        var minY = 0;
69                        var arrY = [];
70                        $span.each(function(){
71                            var value = Math.abs($(this).offset().top + $(this).outerHeight()/2 - y);
72                            if( value < minVal ){
73                                minVal = value;
74                                minY = $(this).offset().top;
75                            }
76                        });
77                        $span.each(function(){
78                            if( $(this).offset().top == minY ){
79                                arrY.push( $(this) );
80                            }
81                        });
82                        return arrY;
83                    }
84                    function nearX(arr,x){
85                        var minVal = 9999;
86                        var closestElem = null;
87                        $.each(arr,function(){
88                            var value = Math.abs($(this).offset().left + $(this).outerWidth()/2 - x);
89                            if( value < minVal ){
90                                minVal = value;
91                                closestElem = $(this);
92                            }
93                        });
94                        return closestElem;
95                    }
96                    var toCursor = (function(){
97                        var $span = null;
98                        function add(closestSpan){
99                            $span = $('<span>');
100                            $span.html('|');
101                            $span.css({position:'absolute',left : closestSpan.offset().left ,
102   top :closestSpan.offset().top + 5 });
103                            $('body').append( $span );
104                            return $span;
105                        }
106                        function remove(){
107                            $span.remove();
108                        }
109                        return {
110                            add : add,
111                            remove : remove
112                        }
113                    })();
114                }
115            }
116 </script>
```

运行以上代码即可得到图 14.6 所示效果。

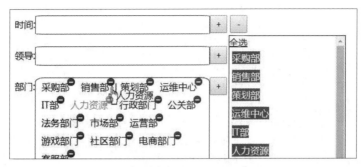

图 14.6　拖曳列表项进行排序

14.2　推箱子小游戏

利用 jQuery 实现一个小游戏要比用原生 JavaScript 去实现少写很多代码。我们通过 jQuery 库来完成一个小乌龟推箱子的小游戏，功能包括地图渲染、关卡设计、事件操作、游戏流程、功能实现等，如图 14.7 所示。

图 14.7　推箱子小游戏

14.2.1　设置游戏数据

游戏每一关的地图都是不一样的，如何能够动态地创建地图，并使地图元素可高度复用？可以采用地图元素拼接的方式，让地图形成一个网格数组，数组的每一项即是一个地图元素。

创建一个 pass 对象，把每一关的数据都存入 pass 对象，包括 maps（地图数组），cols（垂直列的个数），boxes（箱子的位置坐标），person（小乌龟角色的位置坐标），代码如下所示。

```
1  <script>
2  var game = {
3       pass : [     //每一关的数据
4         {
5           maps : [
```

```
 6                   1,1,3,3,3,3,1,1,
 7                   1,1,3,2,2,3,1,1,
 8                   1,3,3,0,2,3,3,1,
 9                   1,3,0,0,0,2,3,1,
10                   3,3,0,0,0,0,3,3,
11                   3,0,0,3,0,0,0,3,
12                   3,0,0,0,0,0,0,3,
13                   3,3,3,3,3,3,3,3
14                 ],
15                 cols : 8,
16                 boxs : [
17                     { x : 4 , y : 3 },
18                     { x : 3 , y : 4 },
19                     { x : 4 , y : 5 },
20                     { x : 5 , y : 5 }
21                 ],
22                 person : { x : 3 , y : 6 }
23             },
24             {
25                 maps : [
26                     1,1,1,1,3,3,3,3,3,3,3,1,
27                     1,1,1,1,3,0,0,3,0,0,3,1,
28                     1,1,1,1,3,0,0,0,0,0,3,1,
29                     3,3,3,3,3,0,0,3,0,0,3,1,
30                     2,2,2,3,3,3,0,3,0,0,3,3,
31                     2,0,0,3,0,0,0,0,3,0,0,3,
32                     2,0,0,0,0,0,0,0,0,0,0,3,
33                     2,0,0,3,0,0,0,0,3,0,0,3,
34                     2,2,3,3,3,3,0,3,0,0,3,3,
35                     3,3,3,3,3,0,0,0,0,0,3,1,
36                     1,1,1,1,3,0,0,3,0,0,3,1,
37                     1,1,1,1,3,3,3,3,3,3,3,1
38                 ],
39                 cols : 12,
40                 boxs : [
41                     {x : 5 , y : 6},
42                     {x : 6 , y : 3},
43                     {x : 6 , y : 5},
44                     {x : 6 , y : 7},
45                     {x : 6 , y : 9},
46                     {x : 7 , y : 2},
47                     {x : 8 , y : 2},
48                     {x : 9 , y : 6}
49                 ],
50                 person : { x : 5 , y : 9 }
51             }
52         ]
53     }
54 </script>
```

然后设置初始关卡 now 和网格大小 gridSize，设置初始化游戏方法 init()，并调用执行，代码如下所示。

```
1 <script>
2 var game = {
```

```
3        //省略代码
4        now : 0,     //初始关卡
5        gridSize : 50,  //网格大小
6        init : function(){    //初始化
7        }
8  }
9  game.init();    //游戏开始
10  </script>
```

添加基本游戏所要用到的样式，代码如下所示。

```
1  <style>
2      *{ margin: 0; padding:0; }
3      #main{ margin: 20px auto; position: relative; }
4      #main div{ width: 50px; height: 50px; float: left; }
5      .pos0{ background:blue; }
6      .pos1{ background:gray; }
7      .pos2{ background:red; }
8      .pos3{ background:url(images/wall.png); }
9      .box{ position: absolute; background:url(images/box.png); }
10      .person{ position: absolute; background:url(images/person.png); }
11  </style>
12  <body>
13      <div id="main"></div>
14  </body>
```

至此，数据和基本框架已经搭建好，下面来看具体功能。

14.2.2 游戏功能设置

游戏功能方法如表 14.2 所示。

表 14.2 游戏功能方法

方法	说明
resetState()	还原初始状态
elements()	接收元素和数据
createMap()	创建游戏地图
createBox()	创建游戏箱子
createPerson()	创建游戏角色
bindPerson()	操作游戏角色
movePerson()	移动游戏角色
isWall()	判断是否是墙
moveBox()	移动箱子
isNextPass()	是否进入下一关
pz()	碰撞检测

（1）游戏是基于面向对象的程序，首先需要对 pass 对象中的数据进行挂载，然后还要对游戏中的 DOM 元素进行挂载，这样这些属性就可以在对象的方法中进行操作了，代码如下所示。

```
1  <script>
2  var game = {
3      //省略代码
4      init : function(){   //初始化
5          this.elements();
6      },
7      elements : function(){   //接收元素和数据
8          this.$main = $('#main');
9          this.$person = null;
10         this.$box = null;
11         this.$pos2 = null;
12         this.maps = this.pass[this.now].maps;
13         this.cols = this.pass[this.now].cols;
14         this.boxs = this.pass[this.now].boxs;
15         this.person = this.pass[this.now].person;
16     }
17  }
18  game.init();   //游戏开始
19  </script>
```

（2）创建游戏地图、箱子，角色等游戏元素，并在 init() 初始化中进行方法调用。

```
1  <script>
2  var game = {
3      //省略代码
4      init : function(){   //初始化
5          this.createMap();
6          this.createBox();
7          this.createPerson();
8      },
9      createMap : function(){   //创建地图
10         this.$main.css('width', this.cols * this.gridSize );
11         $.each(this.maps,$.proxy(function(i,v){
12             var $div = $('<div>');
13             $div.attr('class','pos'+v);
14             this.$main.append($div);
15         },this));
16         this.$pos2 = this.$main.find('.pos2');
17     },
18     createBox : function(){   //创建箱子
19         $.each(this.boxs,$.proxy(function(i,v){
20             var $div = $('<div>');
21             $div.attr('class','box');
22             $div.css('left' , v.x * this.gridSize);
23             $div.css('top' , v.y * this.gridSize);
24             this.$main.append($div);
25         },this));
26         this.$box = this.$main.find('.box');
27     },
28     createPerson : function(){   //创建人物
29         var $div = $('<div>');
30         $div.attr('class','person');
```

```
31          $div.css('left',this.person.x * this.gridSize);
32          $div.css('top',this.person.y * this.gridSize);
33          this.$main.append($div);
34          this.$person = $div;
35      }
36 }
37 game.init();    //游戏开始
38 </script>
```

运行以上代码即可得到图14.8所示效果。

图14.8 创建元素与地图

（3）对角色进行操控，绑定角色事件，移动角色位置，判断角色移动范围。在init()方法中调用bindPerson()方法，代码如下所示。

```
1  <script>
2  var game = {
3      //省略代码
4      init : function(){    //初始化
5          this.bindPerson();
6      },
7      bindPerson : function(){    //操作人物
8          $(document).on('keydown',$.proxy(function(ev){
9          switch(ev.keyCode){
10             case 37:
11                 this.$person.css('backgroundPosition','-150px 0');
12                 this.movePerson({x:-1,y:0});
13             break;
14             case 38:
15                 this.$person.css('backgroundPosition','0 0');
16                 this.movePerson({x:0,y:-1});
17             break;
18             case 39:
19                 this.$person.css('backgroundPosition','-50px 0');
20                 this.movePerson({x:1,y:0});
21             break;
22             case 40:
23                 this.$person.css('backgroundPosition','-100px 0');
```

```
24                    this.movePerson({x:0,y:1});
25                  break;
26              }
27          },this));
28      },
29      movePerson : function(opts){    //移动人物
30          if( !this.isWall(opts) ){
31              this.person.x += opts.x;
32              this.person.y += opts.y;
33              this.$person.css('left',this.person.x * this.gridSize);
34              this.$person.css('top',this.person.y * this.gridSize);
35          }
36      },
37      isWall : function(opts){    //判断是否是墙
38          var num = this.maps[ (this.person.y + opts.y)*this.cols + (this.person.x + opts.x) ];
39          return num == 3 ? true : false;
40      }
41  }
42  game.init();    //游戏开始
43  </script>
```

运行以上代码即可得到图 14.9 所示效果。

图 14.9　角色移动与限制范围

（4）推箱子的逻辑实现和进入下一关的逻辑实现。在 init()方法中调用 resetState()，代码如下所示。

```
1  <script>
2  var game = {
3      //省略代码
4      init : function(){    //初始化
5          this.resetState();
6      },
7      moveBox : function(opts){    //移动箱子
8          this.$box.each($.proxy(function(i,elem){
9              if( this.pz( this.$person , $(elem) ) && !this.isWall(opts) ){
10                 $(elem).css('left' , (this.person.x + opts.x)*this.gridSize);
11                 $(elem).css('top' , (this.person.y + opts.y)*this.gridSize);
```

```
12                    this.$box.each($.proxy(function(j,elem2){
13                        //判断两个箱子是否挨着
14                        if( this.pz( $(elem) , $(elem2) ) && elem != elem2 ){
15                            $(elem).css('left' , this.person.x*this.gridSize);
16                            $(elem).css('top' , this.person.y*this.gridSize);
17                            this.person.x -= opts.x;
18                            this.person.y -= opts.y;
19                            this.$person.css('left' , this.person.x * this.gridSize);
20                            this.$person.css('top' , this.person.y * this.gridSize);
21                        }
22                    },this));
23                }
24                else if( this.pz( this.$person , $(elem) ) ){
25                    this.person.x -= opts.x;
26                    this.person.y -= opts.y;
27                    this.$person.css('left' , this.person.x * this.gridSize);
28                    this.$person.css('top' , this.person.y * this.gridSize);
29                }
30            },this));
31        },
32        isNextPass : function(){      //是否进入下一关
33            var count = 0;
34            this.$box.each($.proxy(function(i,elem){
35                this.$pos2.each($.proxy(function(j,elem2){
36                    if( this.pz( $(elem) , $(elem2) ) ){
37                        count++;
38                    }
39                },this));
40            },this));
41            if(count == this.$box.length){
42                return true;
43            }
44            else{
45                return false;
46            }
47        },
48        pz : function($elem1,$elem2){     //碰撞检测
49            var L1 = $elem1.offset().left;
50            var R1 = $elem1.offset().left + $elem1.width();
51            var T1 = $elem1.offset().top;
52            var B1 = $elem1.offset().top + $elem1.height();
53            var L2 = $elem2.offset().left;
54            var R2 = $elem2.offset().left + $elem2.width();
55            var T2 = $elem2.offset().top;
56            var B2 = $elem2.offset().top + $elem2.height();
57            if(R1 <= L2 || L1 >= R2 || B1 <= T2 || T1 >= B2){
58                return false;
59            }
60            else{
61                return true;
62            }
63        }
64 }
65 game.init();   //游戏开始
66 </script>
```

运行以上代码即可得到图 14.10 所示效果。

图 14.10　进入下一关

14.3　本章小结

通过本章的学习，我们了解了如何利用 jQuery 来进行综合项目的实现，并对开发规范、开发流程以及代码规范、代码组织都有了一定的认识。

本书对整个 jQuery 库的使用做了详细的说明，并且对一些高级话题进行了阐述，如 jQuery 插件、jQuery 组件、jQuery 源码分析等，还进行了实战演练，包括特效实战和综合项目实战，目的是让大家学会在不同的场景下灵活运用 jQuery 进行开发。

14.4　习题

编程题

编写代码，使用 jQuery 实现一个用户注册页面，页面效果如图 14.11 所示。

图 14.11　页面效果